U0120174

中國兵學大系

【04】

李浴日◎選輯

陰符經注

《陰符經注》
《風后握奇經解》
《心書》
《黃石公素書注》
《何博士備論》

陰符經

漢 張良注

上篇

觀天之道執天之行盡矣故天有五賊見之者昌

太公曰其一賊命其次賊物其次賊時其次賊功其次賊神賊命以一消天下用之以味賊物以一急天下用之以利賊時以一信天下用之以反賊功以一恩天下用之以怨賊神以一驗天下用之以小大鬼谷子曰天之五賊莫若賊神此大而彼小以小而取大天地莫之能神而況于人乎筌曰黃帝得賊命之機白日上昇殷周得賊神之驗以小滅大管仲得賊時之信九合諸侯范蠡得賊物之急而霸南越張良得賊功之恩而敗強楚

五賊在心施行於天宇宙在乎手萬化生乎身

太公曰聖人謂之五賊天下謂之五德人食五味而生食五味而死无有怨而棄之者也心之所味也亦然鬼谷子曰賊命可以長生不死黃帝以少女精炁感之時物亦然且經冬之草覆之而不死露之即見傷草木植性尚猶如此況人萬物之靈其機則少女以時廣成子曰以為積火焚五毒五毒即五味五味盡可以長生也筌曰人因五味而生五味而死五味各有所主順之則相生逆之則相勝久之則積炁薰蒸人腐五臟殆至滅亡後人所以不能終其天年者以其生生之厚矣是以至道淡然胎息无味神仙之術百數其要在抱一守中少女之術百數其要在還精採炁金丹之術百數其要在神水華池治國之術百數其要在淸淨自化用兵之術

百數其要在奇正權謀此五事者卷之藏于心隱于神施之彌于天給于地宇宙瞬息可在人之手萬物榮枯可生人之身黃帝得之先固三宮後治萬國鼎成而馭龍上昇於天也

天性人也人心機也立天之道以定人也

亮曰以爲立天定人其在于五賊

天發殺機龍蛇起陸人發殺機天地反覆

范曰昔伊尹佐殷發天殺之機克夏之命盡而事應之故有東征西夷怨南征北狄怨太公曰不耕三年大旱不鑿十年地壞殺人過萬大風暴起亮曰按楚殺漢兵數萬大風杳冥晝晦有若天地反覆

天人合發萬變定基

良曰從此一信而萬信生故爲萬變定基矣答曰大荒大亂

兵水旱蝗是天殺機也虞舜陶甄夏禹拯骸殷繫夏臺周囚羑里漢祖亭長魏武乞丐俱非王者之位乘天殺之機也起陸而帝君子在野小人在位權臣擅威百姓思亂人殺機也成湯放桀周武伐紂項籍斬嬴嬰魏廢劉協是乘人殺之機也覆貴爲賤反賤爲貴有若天地反覆天人之機合發成敗之理宜然萬變千化聖人因之而定基業也

性有巧拙可以伏藏

良曰聖人見其巧拙彼此不利者其計在心彼此利者聖哲英雄道焉況用兵之務哉筌曰中欲不出謂之啓外邪不入謂之閉內啓是其機也難知如陰不動如山巧拙之性使人无間而得窺也

九竅之邪在乎三要可以動靜

太公曰三要者耳目口也耳可鑿而塞目可穿而眩口可利而訥興師動衆萬夫莫議其奇在三者或可動或可靜之全曰兩葉掩目不見泰山雙豆塞耳不聞雷霆一椒掠舌不能立言九竅皆邪不足以察機變其在三者神心志也機動未朕神以隨之機兆將成心以圖之機發事行志以斷之其機動也與陽同其波五嶽不能鎮其隅四瀆不能界其維其機靜也與陰同其德智士不能運其榮深闇不能竅其謀天地不能奪其時而況于人乎

火生于木禍發必剋奸生于國時動必潰知之修鍊謂之聖人

答曰火生于木火發而木焚奸生于國奸成而國滅木中藏火火始于无形國中藏奸奸始于无象非至聖不能修身鍊行使奸火之不發夫國有无軍之兵无災之禍矣以箕子逃

而縛裘牧商容囚而蹇叔哭

中篇

天生天殺道之理也

良曰機出乎心如天之生如天之殺則生者自謂得其生死者自謂得其死

天地萬物之盜萬物人之盜人萬物之盜三盜既宜三才既安

鬼谷子曰三盜者彼此不覺知但謂之神明此三者況車馬金帛棄之可以傾河塡海移山覆地非命而動然後應之筌曰天地與萬物生成盜萬物以衰老萬物與人之服御盜人以驕奢人與萬物之上器盜萬物以毀敗皆自然而往三盜各得其宜三才遞安其任

故曰食其時百骸理動其機萬化安

鬼谷子曰不欲令後代人君廣歛珍寶委積金帛若能棄之雖傾河塡海未足難也食者所以治百骸失其時而生百骸動者所以安萬物失其機而傷萬物故曰時之至間不容瞬息先之則太過後之則不及是以賢者守時不肖者守命也

人知其神之神不知不神之所以神也

筌曰人皆有聖人不貴聖人之愚既覩其聖又察其愚復覩其聖故書曰專用聰明則事不成專用晦昧則事皆悖一明一晦衆之所載伊尹酒保太公屠牛管仲作革百里奚賣粥當衰亂之時人皆謂之不神及乎逢成湯遭文王遇齊桓値秦穆道濟生靈功格宇宙人皆謂之至神

日月有數大小有定聖功生焉神明出焉

鬼谷子曰後代伏思之則明天地不足貴而況於人乎筌曰

一歲三百六十五日日之有數月次十二以積閏大小餘分有定皆稟精炁自有不爲聖功神明而生聖功神明亦稟精炁自有不爲日月而生是故成不貴乎天地敗不怨乎陰陽其盜機也天下莫能見莫能知君子得之固躬小人得之輕命諸葛亮曰太子太公豈不賢於孫吳韓白所以君子小人異之四子之勇至于殺身固不得其主而見殺矣筌曰季主凌夷天下莫見凌夷之機而莫能知凌夷之源霸王開國之機而莫能知開國之機而莫能知開國之源君子得其機應天順人乃固其躬小人得其機煩兵黷武乃輕其命易曰君子見機而作不俟終日又曰知機其神乎機者易見而難知見近知遠

下篇

瞽者善聽聾者善視絕利一源用師十倍三反晝夜用師萬倍

尹曰思之精所以盡其微良曰後代伏思之耳目之利絕其一源筌曰人之耳目皆分于心而竟于神心分則機不精神竟則機不微是以師曠薰目而聰耳離朱漆耳而明目任一源之利而反用師於心舉事發機十全成也退思三反經書歷夜思而後行舉事發機萬全成也太公曰目動而心應之見可則行見否則止

心生于物死于物機在於目

筌曰爲天下機者莫近乎心目心能發目目能見機秦始皇東遊會稽項羽目見其機心生于物謂項良曰彼可取而伐之晉師畢至於淮淝苻堅曰見其機心死于物謂苻融曰彼勍敵也胡爲少耶則知生死之心在乎物成敗之機見於目

焉

天之无恩而大恩生迅雷烈風莫不蠢然

艮曰熙熙哉太公曰誠懼致福筌曰天心无恩萬物有心歸恩于天老子曰天地不仁以萬物爲芻狗聖人不仁以百姓爲芻狗是以施而不求其報生而不有其功及至迅雷烈風威遠而懼邇萬物蠢然而懷懼天无威而懼萬物萬物有懼而歸威于天聖人行賞也无恩于有功行伐也無威于有罪故賞罰自立于上威恩自行于下也

至樂性餘至靜性廉

艮曰夫機在于是也筌曰樂則奢餘靜則貞廉性餘則神濁性廉則神淸神者智之泉神淸則智明智者心之府智公則心平人莫鑒于流水而鑒于澄水以其淸且平神淸意平乃

能形物之情夫聖人者不淫于至樂不安于至靜能棲神靜
樂之間謂之守中如此施利不能誘聲色不能蕩辯士不能
說智者不能動勇者不能懼見禍于重開之外慮患于杳冥
之內天且不違而況于兵之詭道者哉

天之至私用之至公

尹曰治極微良曰其機善雖不令天下而行之天下所不能
知天下所不能違筌曰天道曲成萬物而不遺椿菌鵬鷃巨
細修短各得其所至私也雲行雨施雷電霜霓生殺之均至
公也聖人則天法地養萬民察勞苦至私也行正令施法象
至公也孫武曰視卒如愛子可以俱死視卒如嬰兒可與之
赴深溪愛而不能令譬若驕子是故令之以文齊之以武

禽之制在炁

太公曰昔以小大而相制哉尹曰炁者天之機筌曰玄龜食蟒鶡鳥隼擊鵠黃腰啖虎飛鼠斷猿蜍蛭噆魚狼犿嚙鶴餘甘柔金河車服之無窮化玉雄黃變鐵有不灰之木浮水之石夫禽獸木石得其炁尚能以小制大況英雄得其炁而不能淨寰海而御宇宙也

生者死之根死者生之根恩生于害害生于恩

太公曰損己者物愛之厚己者物薄之筌曰謀生者必先死而後生習死者必先生而後死鶡冠子曰不死不生不斷不成孫武曰投之死地而後生致之亡地而後存吳起曰兵戰之場立屍之地必死則生幸生則死恩者害之源害者恩之源吳樹恩于越而害生周立害于殷而恩生死之與生也恩之與害相反紀纏也

愚人以天地文理聖我以時物文理哲

太公曰觀鳥獸之時察萬物之變登日景星見黃龍下翔鳳至醴泉出嘉穀生河不滿溢海不揚波日月薄蝕五星失行四時相錯晝冥宵光山崩川涸冬雷夏霜愚人以此天地文理爲理亂之機文思安安光被四表克明俊德以親九族六府三事無相奪倫百穀用成兆民用康昏主邪臣法令不一重賦苛政上下相蒙懿戚貴臣驕奢淫縱酣酒嗜音峻宇雕墻百姓流亡思亂怨上我以此時物文理爲理亂之機也

人以愚虞聖我以不愚虞聖人以奇期聖我以不奇期聖

筌曰賢哲之心深妙難測由巢之跡人或窺之至于應變無方自機轉而不窮之智人豈虞之以跡度心乃爲愚者也

故曰沉水入火自取滅亡

艮曰理人自死理軍亡兵無死則無不死無生則無不生故

知乎死生國家安寧

自然之道靜故天地萬物生

尹曰靜之至不知所以生

天地之道浸故陰陽勝

艮曰天地之道浸微而推勝之

陰陽相推而變化順矣

艮曰陰陽相推激至于變化在于自

是故聖人知自然之道不可違因而制之

艮曰大人見之爲自然英哲見之爲制愚者見之爲化尹曰

知自然之道萬物不能違故利而行之

至靜之道律歷所不能契

良曰觀鳥獸之時察萬物之變鳥獸至淨律歷所不能契從而機之

爰有奇器是生萬象八卦甲子神機鬼藏

良曰六癸爲天藏可以伏藏也

陰陽相勝之術昭昭乎進乎象矣

亮曰奇器者聖智也天垂象聖人則之推甲子畫八卦考蓍龜稽律歷則鬼神之情陰陽之理昭著乎象無不盡矣亮曰八卦之象申而用之六十甲子轉而用之神出鬼入萬明一矣良曰萬生萬象者心也合藏陰陽之術日月之數昭昭乎在人心矣廣成子曰甲子合陽九之數也卦象出師衆之法出師以律動合鬼神順天應時而用鬼神之道也

陰符經終

風后握奇經

漢　公孫宏解

宋高似孫曰馬隆本作握機敘云風后軒轅臣也握者帳也大將所居言其事不可妄示人故云握機人稱諸子總有三本其一本三百六十字一本三百八十字蓋呂尚增字以發明之其一行間有公孫宏等語或云武帝令霍光等習之於平樂館以輔少主備天下之不虞今本衍四字

經曰八陣四為正四為奇舊注奇讀如字後人說天地風雲為四正龍虎鳥蛇為四奇公孫宏曰世有八卦陣法其說不用奇正似非風后所傳未可參用餘奇為握奇舊注奇讀如奇偶之奇解云說奇正者多矣而握奇云者四為正四為奇餘奇為握奇陣數有九中心奇零者大將握之以應赴入陣之急處或總稱之先出遊軍定兩端天有衝圓地有軸前後有衝一作有風雲風附於天雲附於地衝有重列各四隊前後之衝各三隊風居四維故以圓軸單列各三隊前後之衝各三隊風居四角故以方天居兩端地居中間總為八陣陣訖遊軍從後躡敵或驚其左或驚其

右（驚一作擊）聽音望麾以出四奇
天地之前衝為虎翼風為蛇蟠圍繞之義也虎居於中張翼以
進蛇居兩端向敵而蟠以應之天地之後衝為飛龍雲為鳥翔
突擊之義也龍居其中張翼以進鳥掖兩端向敵而翔以應之
虛實二壘（一作三軍）皆逐天文氣候向背山川利害隨時而行以正
合以奇勝天地以下八重以列或曰握機望敵即引其後以掎
角前列不動而前列先進以次之（公孫宏曰傳慎氏陣法依此今按而前列等八字舊文在依此注下誤也故遷次以成之）或合而為一因離而為八各隨師之多少觸類
而長
天或圓而不動（一作天或圓而不布）前為左後為右天地四望之屬是也
（一本下有風象二字）天居兩端其次風其次雲（一作其次天衝其次地衝其次風衝其次雲衝）左
右相向是也地方布風雲各在後衝之前天居兩端其次地居

中間（一作其次地其次天中間）兩地爲比是也（公孫宏曰比爲地爲從天陣變爲地陣或即張弛布擊破敵攻鬭不定其形故爲動也一本自公孫宏曰動靜二義皆雜出經文中）縱布天（一一作兩天一無一兩字而縱字上）

（有雲象龍一句一作龍者象龍）天二次之（天二一作兩天）縱布地四次於天後（一作縱布四地）

（四地次之二無下四地字）縱布四風挾天地之左右（一無地字）天地前衝居其右

後衝居其左（一無三句一無天地字一無居其右後衝五字）雲居兩端虛實（一一）壘則此

是也（一本下有比爲動也四字一無虛實已下公孫宏曰人多傳韓信注釋天或鬭布已下與此微有差異而范蠡樂毅之說相雜今亦錯綜於其中其部隊或三五或三十或五十變通之理奇之明哲不復備載近古以來其文不滿尺多憑口訣以相傳授予今於難解之處摘字發明之耳一本其部隊下上五十云陣圖如此變通由八以爲經文誤也按公孫氏破與甚異者天或鬭布次遊軍定兩端下以爲正經而以天有衝止觸類而長列於續圖雲爲翔鳥之下今馬本尙如此）

握奇經續圖

角音二　初警衆　末收衆

革音五

一持兵　二結陣　三行　四趨走　五急鬬

金音五

一緩鬬　二止鬬　三退　四背　五急背（背一本作趨）

麾法五

一玄　二黃　三白　四青（一作赤）　五赤（一作青）

旗法八

一天玄　二地黃　三風赤　四雲白

五天前上玄下赤　六天後上玄下白

七地前上玄下青（一作赤）　八地後上黃下赤（一作青）

陣勢八

天　地　風　雲

飛龍　翔鳥　虎翼　蛇蟠

一鼙一金爲天　三鼙三金爲地
二鼙三金爲風　三鼙二金爲雲
四鼙三金爲龍　三鼙四金爲虎
四鼙五金爲鳥　五鼙四金爲蛇
舊注此八陣名用金鼓之制
其金鼙之間加一角音者在天爲兼風在地爲兼雲在龍爲兼鳥在虎爲兼蛇加一角音者全師進東加二角音者全師進南一作西加四角音者全師進西一作南加五角音者全師進北鞉音不止者行伍不整金鼙既息而角音不止者師並旋
三十二隊天衝　十六隊風
八隊天前衝　十二隊地前衝
十二隊地軸合作二十四隊　八隊天後衝

十二軸地後衝　十六隊雲

以天地前衝爲虎翼天地後衝爲飛龍風爲蛇蟠雲爲翔鳥

八陣總述

晉平　護軍西平太守封奉高侯加授東羌校尉　馬　隆

述

治兵以信求聖以奇信不可易戰無常規可握則握可施則施千變萬化敵莫能知

匹陳讚

動則爲奇靜則爲陳陳者陳列戰則不盡分苦均勞佚輪輒定有兵前守後隊勿進

天陳讚

天陳十六内方外圓四面風衝其形象天爲陳之主爲兵之先

潛用三軍其形不偏

地陳讚

地陳十二其形正方雲生四角衝軸相當其體莫測動用無窮

獨立不可配之於陽

風陳讚

風無正形附之於天變而爲蛇其意漸元風能鼓動萬物驚焉

蛇能圍繞三軍懼焉

雲陳讚自太公范蠡以來風雲無正形所以附天地下

雲附於地則知無形變爲翔鳥其狀乃成鳥能突擊雲能晦冥

千變萬化金革之聲

飛龍

天地後衝龍變其中有手有足有背有胸潛則不測動則無窮

陳形亦然象名其龍

翔鳥

鷙鳥擊搏必先翱翔勢凌霄漢飛禽伏藏審而下之下必有傷

一夫突擊三軍莫當

蛇蟠

風為蛇蟠蛇吞天真勢欲圍繞性能屈伸四季之中與虎為鄰

後變常山首尾相因

虎翼

天地前衝變為虎翼伏虎將搏盛其威力淮陰用之變化無極

垓下之會魯公莫測

奇兵讚

古之奇兵兵在陳內今人奇兵兵在陳外兵體無形形露必潰

審而爲之百戰不昧

合而爲一離而爲八

合而爲一平川如城散而爲八逐地之形混混沌沌如環無窮紛紛紜紜莫知所終合則天居兩端地居其中散則一陰一陽兩兩相衝勿爲事先動而輒從

遊軍

遊軍之形乍動乍靜避實擊虛視贏撓盛結陳趨地斷繞四徑後賢審之勢無常定

金革

金有五革有五退則聽金進則聽鼓鼓以增氣金以抑怒握其機關戰不失度

鞉鼓

紅塵戰深白刃相臨勝負未決人懷懼心乍犇乍背或縱或擒行伍交錯聲在鞞音

麾角

麾法有五光目條流角音有五初驚未收麾者指揮角者驚覺臨機變化慎勿交錯（光目一作光白）

兵體

上兵伐謀其下用師棄本逐末聖人不爲利物禁暴隨時禁貪蓋不得已聖人用之英雄爲將夕惕乾乾（舊闕四字）其形不偏樂與身後勞與身先小人偏勝君子兩全爭者逆德不有破軍必有亡國握機爲陳動則爲賊後賢審之勿以爲臧夫樂殺人者不得志於天下聖人之言以戒來者（一作天下）

似孫曰風后握奇經三百八十四字其妙本乎奇正相生變化

不測蓋潛乎伏羲氏之畫所謂天地風雲龍鳥蛇虎則其爲八卦之象明矣蓋注奇讀如奇耦之奇則尤可與易準諸儒多稱諸葛武侯八陣唐李衛公六花皆出乎此唐裴緒之論又以爲六十四卦之變其出也無窮若此則所謂八陣者特八卦之統爾焦氏易學卦變至乎四千七十有六奇正相錯變化無窮是可以名數該之乎然觀太公武韜且言牧野之師有天陣有地陣此固出於握奇而又有人陣焉此又出於天地陣之外者非八陣六花所能盡也獨孤及作風后八陣圖記有曰黃帝順煞氣以作兵法文昌以命將風后握機制勝作爲陣圖故八其陣所以定位衡抗於外軸布於內風雲負其四維所以備物也虎張翼以進蛇向敵而蟠飛龍翔鳥上下其勢所以致用也至若疑兵以固其餘地遊軍以案其後列門具將發然後合戰弛張

則二廣迭舉掎角則四奇皆出圖成鑄俎帝用經畧北逐獯鬻南平蚩尤遺風冥冥神機未眯項籍得之霸西楚黥布得之奄九江孝武得之攘匈奴唐天寶中客有得其遺制於黃帝書之外篇裂素而圖之按魚復之圖全本於握機得其妙窮其神者武侯而已獨孤乃以爲項黥武帝得之末之思歟

風后握奇經終

素書序

黃石公素書六篇按前漢列傳黃石公圯橋所授子房素書世人多以三略爲是蓋傳之者誤也晉亂有盜發子房塚於玉枕中獲此書凡一千三百三十六言上有祕戒不許傳於不道不神不聖不賢之人若非其人必受其殃得人不傳亦受其殃嗚呼其愼重如此黃石公得子房而傳之子房不得其傳而葬之後五百餘年而盜獲之自是素書始傳於人間然其傳者特黃石公之言耳而公之意其可以言盡哉余竊嘗評之天人之道未嘗不相爲用古之聖賢皆盡心焉堯欽若昊天舜齊七政禹敘九疇傅說陳天道文王重八卦周公設天地四時之官又立三公以燮理陰陽孔子欲無言老聃建之以常無有陰符經曰宇宙在乎手萬物生乎身道至於此則鬼神變化皆不能逃吾

之術而況於刑名度數之間者歟黃石公秦之隱君子也其書簡其意深雖堯舜禹文傅說周公孔老亦無以出此矣然則黃石公知秦之將亡漢之將興故以此書授子房而子房者豈能盡知其書哉凡子房之所以爲子房者僅能用其一二耳書曰陰計外泄者敗子房用之嘗勸高帝王韓信矣書曰小怨不赦大怨必生子房用之嘗勸高帝侯雍齒矣書曰決策於不仁者險子房用之嘗勸高帝罷封六國矣書曰設變致權所以解結子房用之嘗致四皓而立惠帝矣書曰吉莫吉於知足子房用之嘗擇留自封矣書曰絕嗜禁慾所以除累子房用之嘗棄人間事從赤松子遊矣嗟乎遺粕棄滓猶足以亡秦項而帝沛公況純而用之深而造之者乎自漢以來章句文辭之學熾而知道之士極少如諸葛亮王猛房喬裴度等輩雖號爲一時賢相

至於先王大道曾未足以知孝弟此書所以不傳於不道不神不聖不賢之人也離有離無之謂道非有非無之謂神有而無之之謂聖無而有之之謂賢非此四者雖口誦此書亦不能身行之矣宋張商英天覺撰

素書

漢　黃石公撰　　宋張商英注

原始章第一

夫道德仁義禮五者一體也離而用之則有五合而渾之則爲一一所以貫五五所以衍一**道者人之所蹈使萬物不知其所由**道之衣被萬物廣矣大矣一動息一語默一出處一飲食大而八紘之表小而芒芥之內何適而非道也仁不足以名故仁者見之謂之仁智不足以盡故智者見之謂之智百姓不足以見故日用而不知也**德者人之所得使萬物各得其所欲**有求之謂欲欲而不得非德之至也求於規矩者得方圓而已矣求於權衡者得輕重而已矣求於德者無所欲而不得君臣父子得之以爲君臣父子昆蟲草木得之以爲昆蟲草木大得以成大小得以成小邇之一身遠之萬物無所欲而不得也**仁者人之所親有慈惠惻隱之心以遂其生成**仁之爲體如天天無不覆如海海無不容如雨露雨露無不潤慈惠惻隱所以用仁者也非親於天下而天下自親之無一夫不獲其所無一物不獲其生書曰鳥獸魚鼈咸若詩曰敦彼行葦牛羊勿踐履其仁之至也**義者人之所宜賞善罰惡以立功立事**理之所在

謂之義順理而決斷所以行義賞善罰惡義之理也立功立事義之斷也禮者人之所履夙興夜寐以成人倫之序禮履也朝夕之所履踐而不失其序者皆禮也言動視聽造次必於是放僻邪侈從何而生乎夫欲為人之本不可無一焉老子曰失道而後德失德而後仁失仁而後義失義而後禮禮失者散也道散而為德德散而為仁仁散而為義義散而為禮五者未嘗不相為用而要其不散者道妙而已老子言其體故曰禮者忠信之薄而亂之首黃石公言其用故曰不可無一焉賢人君子明於盛衰之道通乎成敗之數審乎治亂之勢達乎去就之理盛衰有道成敗有數治亂有勢去就有理故潛居抱道以待其時道猶舟也時猶水也有舟楫之利而無江河以行之亦莫見其利涉也若時至而行則能極人臣之位得機而動則能成絕代之功如其不遇沒身而已養之有素及時而動機不容髮豈容擬議者哉是以其道足高而名重於後代道高則名隨於後而重矣

右第一章言道不可以無始

正道章第二

德足以懷遠懷者中心悅而誠服之謂也信足以一異義足以得眾有行有為而眾人宜之則得乎眾人矣才足以鑒古明足以照下此人之俊也行足以為儀表智足以決嫌疑嫌疑之際非智不決信可以使守約廉可以使分財此人之豪也守職而不廢孔子為委吏乘田之職是也處義而不回迫於利害之際而確然守義者此不回也見嫌而不苟免周公不嫌於居攝召公則有所嫌也孔子不嫌於見南子子路則有所嫌也居嫌而不苟免其惟至明乎見利而不苟得此人之傑也俊者峻於人豪者高於人傑者桀於人有德有信有義有才有明者俊之事也有行有智有信有廉者豪之事也至於傑則才行不足以明之矣然傑勝於豪豪勝於俊也

右第二章言道不可以非正

求人之志章第三

絕嗜禁欲所以除累人性清靜本無係累嗜欲所牽捨己逐物抑非損惡所以禳過禳猶祈禳而去之也非至於無抑惡至於無損過可以無禳矣貶酒闕色所以無污色敗精精耗則害神

酒敗神神傷則害精避嫌遠疑所以不悮於迹無嫌於心無疑事乃不悮爾博學切問所
以廣知有聖賢之質而不廣之以學問弗勉故也高行微言所以修身行欲高而不屈言欲微而
不彰恭儉謙約所以自守深計遠慮所以不窮管仲之計可謂能九合諸侯矣而窮
於王道商鞅之計可謂能强國矣而窮於仁義弘羊之計可謂能聚財矣而窮於養民凡有窮者俱非計也親仁友
直所以扶顛聞譽而喜者不可以友直近恕篤行所以接人極高明而道中庸聖賢之所以
接人也高明者聖賢之所獨中庸者衆人之所同也任材使能所以濟務應變之謂材可用之謂能材者
任之而不可使能者使之而不可任此用人之術也癉惡斥讒所以止亂讒言惡行亂之根也推古
驗今所以不惑因古人之迹推古人之心以驗方今之事豈有惑哉先揆後度所以應卒
執一尺之度而天下之長短盡在是矣倉卒事物之來而應之無窮者揆度有數也設變致權所以解結
有正有變有權有經方其正有所不能行則變而歸之於正也方其經有所不能用則權而歸之於經也括囊順會
所以無咎君子語默以時出處以道括囊而不見其美順會而不發其機所以免咎橛橛梗梗所以
立功孜孜淑淑所以保終橛橛者有所恃而不可搖梗梗者有所立而不可撓孜孜者勤之又勤淑

叔者善之又善立功莫如有守保終莫如無過也

右第三章言志不可以妄求

本德宗道章第四

夫志心篤行之術長莫長於博謀謀之欲博**安莫安於忍辱**至道曠夷何辱之有**先莫先於修德**外以成物內以成己修德也**樂莫樂於好善神莫神於至誠**無所不通之謂神人之神與天地參而不能神於天地者以其不至誠也**明莫明於體物**記云清明在躬志氣如神如是則萬物之來豈能逃吾之照乎**吉莫吉於知足**知足之吉吉之又吉**苦莫苦於多願**聖人之道泊然無欲其於物也來則應之去則已之未嘗有願也古之多願者莫如秦皇漢武國則願富兵則願强功則願高名則願貴宮室則願華麗姬嬪則願美豔四夷則願服神仙則願致然而國愈貧兵愈弱功愈卑名愈鈍卒至於所求不獲而遺狼狽者多願之所苦也夫治國者固不可多願至於賢人養身之方所守其可以不約乎**悲莫悲於精散**道之所生之謂一純一之謂精精之所發之謂神其潛於無也則無生無死無先無後無陰無陽無動無靜其舍於神也則為明為哲為知為識血氣之品無不稟受正用之則聚而不散邪用之則散而不聚目淫於色則精散於色矣耳淫於聲則

精散於聲矣口淫於味則精散於味矣鼻淫於臭則精散於臭矣散之不已其能久乎**病莫病於無常**天地所以能長久者以其有常也人而無常不其病乎**短莫短於苟得**以不義得之必以不義失之未有苟得而能長也**幽莫幽於貪鄙**以身殉物闇莫甚焉**孤莫孤於自恃**桀紂自恃其才智伯自恃其強項羽自恃其勇高莽自恃其智元載盧杞自恃其狡自恃則氣驕於外而善不入耳不聞善則孤而無助及其敗天下爭從而亡之**危莫危於任疑**漢疑韓信而任之而信幾叛唐疑李懷光而任之而懷光遂逆**敗莫敗於多私**賞不以功罰不以罪喜佞惡直黨親遠疎小則結匹夫之怨大則激天下之怒此私之所敗也

右第四章言本宗不可以離道德

遵義章第五

以明示下者闇聖賢之道內明外晦惟不足於明者以明示下乃其所以闇也**有過不知者蔽**聖人無過可知賢人之過迷形而悟有過不知其愚蔽甚矣**迷而不返者惑**迷於酒者不知其伐吾性也迷於色者不知其伐吾命也迷於利者不知其伐吾志也人本無迷惑者自迷之矣**以言取怨者禍**行而言之則機在我而禍在人言而不行則機在人而禍在我**令與心乖者廢**心以出令令以行心**後令謬前**

者毀號令不一心無信而自毀棄矣怨而無威者犯文王不大聲以色四國畏之孔子曰不怒而民威於鈇鉞好直辱人者殃已欲沽直名而置人於有過之地取殃之道也戮辱所任者危人之云亡危亦隨之慢其所敬者凶以長幼而言則齒也以朝廷而言則爵也以賢愚而言則德也三者皆可敬而外敬則齒也爵也內敬則德也貌合心離者孤親讒遠忠者亡讒者善揣摩人主之意而中之忠者惟逆人主之過而諫之合意者多悅逆意者多怒此子胥殺而吳亡屈原放而楚亡也近色遠賢者惛女謁公行者亂太平公主韋庶人之禍是也私人以官者浮淺浮者不足以勝名器如牛仙客爲宰相之類是也凌下取勝者侵名不勝實者耗陸贄曰名近於虛於教爲重利近於實於義爲輕然則實者所以致名名者所以符實名實相副則不耗實矣略己而責人者不治自厚而薄人者棄聖人常善救人而無棄人常善救物而無棄物自厚者自滿也非仲尼所謂躬自厚之義也自厚而薄人則人將棄廢矣以過棄功者損羣下外異者淪措置失宜羣情隔塞阿諛並進私徇並行人人異心求不論亡不可得也既用不任者疏用賢不任則失士心此管仲所謂害霸也行賞悋色者沮色有靳吝有功者沮項羽之刓印是也多許少與者怨失其本望既迎而拒者乖劉璋迎劉

備而反拒之是也薄施厚望者不報天地不仁以萬物爲芻狗聖人不仁以百姓爲芻狗覆之載之含之育之豈責其報也貴而忘賤者不久道足於已者貴賤不足以爲榮辱貴亦固有賤亦固有唯小人驟而處貴則忘其賤此所以不久也念舊怨而棄新功者凶切齒於睚眦之怨眷眷於一飯之恩者匹夫之量有志於天下者雖仇必用以其才也雖怨必錄以其功也漢高祖侯雍齒錄功也唐太宗相魏鄭公用才也用人不得正者殆彊用人者不畜曹操彊用關羽而終歸劉備此不畜也爲人擇官者亂失其所彊者弱有以德彊者有以人彊者有以勢彊者有以兵彊者堯舜有德而彊桀紂無德而弱湯武得人而彊幽厲失人而弱周得諸侯之勢而彊失諸侯之勢而弱唐得府兵而彊失府兵而弱其於人也善爲彊惡爲弱其於身也性爲彊情爲弱決策於不仁者險不仁之人幸災樂禍陰計外泄者敗厚斂薄施者凋凋削也文中子曰多斂之國其財必削戰士貧游士富者衰游士鼓其頰舌惟幸煽摩之會戰士奮其死力專捍彊場之虞富彼貧此兵勢衰矣貨賂公行者昧私昧公曲昧直也聞善忽略記過不忘者暴暴則生怨所任不可信所信不可任者濁濁溷也牧人以德者集繩人以刑者散刑者原於道德之意而恕在其中是以先王以刑輔德而非專用刑者也

故曰牧之以德則集繩之以刑則散也小功不賞則大功不立小怨不赦則大怨必生賞不服人罰不甘心者叛人心不服則叛也賞及無功罰及無罪者酷非所宜加者酷也聽讒而美聞諫而仇者亡能有其有者安貪人之有者殘有吾之有則心逸而身安

右第五章言遵而行之者義也

安禮章第六

怨在不捨小過患在不預定謀福在積善禍在積惡善積則致於福惡積則致於禍無善無惡則亦無禍福矣飢在賤農寒在惰織安在得人危在失事富在迎來唐堯之節儉李悝之盡地利越王句踐之十年生聚漢之平準皆所以迎來之術也貧在棄時上無常躁下無疑心躁動無常喜怒不節羣情猜疑莫能自安輕上生罪侮下無親輕上無禮侮下無恩近臣不重遠臣輕之淮南王言去平津侯如發蒙耳自疑不信人暗也自信不疑人明也枉士無正友李逢吉之友則八關十六子之徒是也曲上無直下元帝

之臣則弘恭石顯是也。危國無賢人，亂政無善人。非無賢人善人，不能用故也。愛人深者求賢急，樂得賢者養人厚。人不能自愛，待賢而愛之；人不能自養，待賢而養之。國將霸者士皆歸，趙殺鳴犢，故夫子臨河而返。邦將亡者賢先避。微子去商，仲尼去魯是也。地薄者大物不產，水淺者大魚不遊，樹禿者大禽不棲，林疏者大獸不居。此四者以明人之淺則無道德，國之淺則無忠賢也。山峭者崩，澤滿者溢。此二者明過高過滿之戒也。棄玉取石者盲，有目與無目者同。羊質虎皮者辱，有表無裏與無表同。衣不舉領者倒，當上而下。走不視地者顛，當下而上。柱弱者屋壞，輔弱者國傾。才不勝任謂之弱。足寒傷心，人怨傷國。夫沖和之氣生於足，而流於四肢，而心爲之君，氣和則天君樂，氣乖則天君傷矣。山將崩者下先隳，國將衰者人先弊。自古及今，生齒富庶，人民康樂，而國衰者，未之有也。根枯枝朽，人困國殘。長城之役興而秦殘，汴渠之役興而隋殘。與覆車同軌者傾，與亡國同事者滅。漢武欲爲秦皇之事，幾至於傾，而能有終者，末年哀痛自悔也。桀紂以女色亡，而幽王之褒姒同之。漢以閹宦亡，而唐之中尉同之。見已生者，慎將生；惡其跡者，須避之已生者見而去之也將生者慎而弭之也惡其跡者急履而惡路不若廢履而無行安動而惡知不若細心而無動畏危者安畏亡者存夫人之所行有道則吉無道則凶吉者百福所歸凶者百禍所攻非其神聖自然所鍾有道者非以求福而福自歸之無道者畏禍愈甚而禍愈攻之豈有神聖爲之主宰乃自然之理也務善策者無惡事無遠慮者有近憂同志相得舜則八元八凱湯則伊尹孔子則顏回是也同仁相憂文王之閎散微子之父師少師周旦之召公管仲之鮑叔也同惡相黨商紂之臣億萬盜跖之徒九千是也同愛相求愛財則聚斂之士求之愛武則談兵之士求之愛勇則樂傷之士求之愛仙則方術之士求之愛符瑞則矯誣之士求之凡有愛者皆情之偏性之蔽也同美相妬女則武后韋庶人蕭良娣是也男則趙高李斯是也同智相謀劉備曹操翟讓李密是也同貴相害勢相軋也同利相忌害相刑也同聲相應同氣相感五行五氣五聲散於萬物自然相感應也同類相依同義相親同難相濟六國合縱而拒秦諸葛通吳以敵魏非有仁義存焉特同難耳同道相成漢承秦後海內凋弊蕭何以清靜涵養之何將亡念諸將俱喜功好動不足以知治道時曹參在齊嘗治蓋公黃老之術不務生事故引參以代相同藝相規李醯之賊扁鵲逢蒙之惡后羿是也

規者非之也**同巧相勝**公輸子九攻墨子九拒是也**此乃數之所得不可與理違**自同志下皆所行所可預知智者知其如此順理則行之逆理則違之**釋已而教人者逆正已而化人者順**教者以言化者以道老子曰法令滋彰盜賊多有教之逆者也我無為而民自化我無欲而民自朴化之順者也**逆者難從順者易行難從則亂易行則理**天地之道簡易而已聖人之道簡易而已順日月而晝夜之順陰陽而生殺之順山川而高下之此天地之簡易也順夷狄而外之順中國而內之順君子而爵之順小人而役之順善惡而賞罰之順九土之宜而賦斂之順人倫而序之此聖人之簡易也夫烏獲非不力也執牛之尾而使之卻行則終日不能步尋丈及以環桑之枝貫其鼻三尺之縻繫其頸童子服之風於大澤無所不至者蓋其勢順也**如此理身理家理國可也**小大不同其理則一

右第六章言安而履之之謂禮

素書終

心書總目

出師
擇材
智用
不陣
將誠
戒備
習練
軍蠹
腹心
謹候
機形
重刑

目錄終

心書

漢　諸葛亮撰

兵機第一

夫兵權者是三軍之司命主將之威勢將能執兵之權操兵之勢而臨羣下譬如猛虎加之羽翼而翱翔四海隨所遇而施之若將失權不操其勢亦如魚龍脫於江湖欲求游洋之勢奔濤戲浪何可得也

逐惡第二

夫軍國之弊有五害焉一曰結黨相連毀譖賢良二曰侈其衣服異其冠帶三曰虛誇妖術詭言神道四曰專察是非私以動眾五曰伺候得失陰結敵人此所謂奸僞悖德之人可遠而不可親也

知人性第三

夫知人之性莫難察焉美惡既殊情貌不一有溫良而爲詐者有外恭而內欺者有外勇而內怯者有盡力而不忠者然知人之道有七焉一曰間之以是非而觀其志二曰窮之以詞辨而觀其變三曰咨之以計謀而觀其識四曰告之以禍難而觀其勇五曰醉之以酒而觀其性六曰臨之以利而觀其廉七曰期之以事而觀其信

將才第四

道之以德齊之以禮知其飢寒察其勞苦此謂之仁將事無苟免不爲利撓有死之榮無生之辱此謂之義將貴而不驕勝而不恃賢而能下剛而能忍此謂之禮將奇變莫測動應多端轉禍爲福臨危制勝此謂之智將進有厚賞退有嚴刑賞不逾時

刑不擇貴此謂之信將足輕戎馬氣蓋千夫善固疆埸長於劍戟此謂之步將陵高歷險馳射若飛進則先行退則後殿此謂之騎將氣凌三軍志輕强虜怯於小戰勇於大敵此謂之猛將見賢如不及從諫若順流寬而能剛勇而多計此謂之大將

將器第五

將之器其用大小不同若乃察其奸伺其禍爲衆所服此十夫之將夙興夜寐言詞密察此百夫之將直而有慮勇而能鬪此千夫之將外貌桓桓中情烈烈知人勤勞惜人飢寒此萬人之將近賢進能日慎一日誠信寬大閑於理亂此十萬人之將仁愛洽於下信義服隣國上曉天文中察人事下識地理四海之內視如家室此天下之將

將弊第六

夫爲將之道有八弊焉一曰貪而無厭二曰妬賢嫉能三曰信讒好佞四曰料彼不自料五曰猶豫不自決六曰荒淫於酒色七曰奸詐而自怯八曰狡之而不以禮

將志第七

兵者凶器將者危任是以器剛則缺任重則危故善將者不恃强不怙勢寵之而不喜辱之而不懼見利不貪見美不淫以身殉國一意而已

將善第八

將有五善四欲五善者所謂善知敵之形勢善知進退之道善知國之虛實善知天時人事善知山川險阻四欲者所謂戰欲奇謀欲密衆欲靜心欲一

將剛第九

善將者其剛不可折其柔不可卷故以弱制强以柔制剛純柔純弱其勢必削純剛純强其勢必亡不柔不剛合道之常

將驕第十

將不可驕驕則失禮失禮則人離人離則衆叛將不可怯怯則賞不行賞不行則士不致命不致命則無功軍無功則國虛國虛則寇實矣子曰如有周公之才之美使驕且吝其餘不足觀也巳

將强第十一

將有五强八惡高節可以勵俗孝悌可以揚名信義可以交友沉慮可以容衆力行可以建功此將之五强也謀不能料是非禮不能任賢良政不能正刑法富不能濟窮阨知不能備未形慮不能防微密達不能舉所知敗不能無怨謗此謂之八惡也

出師第十二

古者國有危難君簡賢能而任之齋三日入太廟南面而立將北面太師進鉞於君君持鉞柄以授將曰從此至軍將軍其裁之復命曰見其虛則進見其實則退勿以身貴而賤人勿以獨見而違眾勿恃功能勿失忠信士未坐勿坐士未食勿食同寒暑等勞逸齊甘苦均危患如此則士必盡死敵必可亡將受詞鑿凶門引軍而出君送之跪而推轂曰進退惟時軍中事不由君命皆由將出若此則無天於上無近於下無敵於前無主於後是以智者為之慮勇者為之鬭故能戰勝於外功成於內揚名於後世福流於子孫矣

擇材第十三

夫師之行也有好鬭樂戰獨取強敵者聚為一徒名曰報國之

士有氣冠三軍才力勇捷者聚爲一徒名曰突陣之士有輕足善步走如奔馬者聚爲一徒名曰搴旗之士有騎射若飛發無不中者聚爲一徒名曰爭鋒之士有射必中中必死者聚爲一徒名曰飛馳之士有善發強弩遠而必中者聚爲一徒名曰摧鋒之士此六軍之善士各因其能而用之

智用第十四

夫爲將之道必順天因時依人以立勝也故天作時不作而人作是謂逆時時作天不作而人作是謂逆天天作時作而人不作是謂逆人智者不逆天亦不逆時亦不逆人也

不陣第十五

古之善理者不師善師者不陣善陣者不戰善戰者不敗善敗者不亡昔者聖人之致理也安其居樂其業人至老不相攻伐

可謂善理者不師舜修典刑皋陶作士師人不干令刑無可施可謂善師者不陣若禹伐有苗舜舞干羽而苗民格可謂善陣者不戰齊桓南服強楚北伐山戎可謂善戰者不敗楚昭遭禍奔秦請救卒能返國可謂善敗者不亡矣

將誡第十六

書曰狎侮君子罔以盡人心狎侮小人罔以盡人力故用兵之要務攬英雄之心嚴賞罰之科總文武之道操剛柔之術說禮樂而敦詩書先仁義而後智勇靜若魚潛動若奔獺散其所連而折其所強耀以旌旗戒以金鼓退若山移進如風雨擊崩若摧合戰如虎迫而容之利而誘之亂而取之卑而驕之親而離之強而弱之有危者安之有懼者悅之有叛者懷之有冤者伸之有強者抑之有弱者扶之有謀者親之有讒者覆之獲財者

與之不倍兵以攻弱不恃眾以輕敵不傲才以驕人不以寵而作威先計而後動知勝而始戰得其財帛不自寶得其子女不自使將能若此嚴號申令而人願鬬則兵和刃接而人樂死矣

戒備第十七

國之大務莫先於戒備若乃失之毫釐則差若千里覆軍殺將勢不踰息可不懼哉故有患難君臣旰食而謀之擇賢而任之若乃安居而不思危寇至而不知懼此謂燕巢於幕魚遊於鼎亡不俟夕傳曰不備不虞不可以師又曰預備不虞古之善政又曰蜂蠆尚有毒而況國乎無備雖眾不可恃也故曰有備無患故三軍之行不可無備

習練第十八

夫軍不習練百不當一習而用之一可當百故仲尼曰以不教

民戰是謂棄之又曰善人教民七年亦可以即戎矣然則即戎之士不可不教教之以禮義誨之以忠信戒之以典刑威之以賞罰故人知勸然後習之或陣而分之坐而起之行而止之走而卻之別而合之散而聚之一人可教十人十人可教百人百人可教千人千人可教萬人萬人可教三軍然後教練而敵可勝矣

軍蠹第十九

夫三軍之行有探候不審烽火失度後期犯令不應時機阻亂師徒乍前乍後不合金鼓上不恤下斂削無度營私徇己不恤饑寒非言妖詞妄陳禍福如事喧雜驚惑將吏勇不受制專而淩上輕竭府庫擅給其財此九者三軍之蠹有之必敗也

腹心第二十

夫爲將者必有腹心耳目爪牙無腹心者如人夜行無所措手足無耳目者如冥然而居不知運動無爪牙者如飢人食毒物無不死矣故善將者必有博聞多智者爲腹心沈審謹密者爲耳目勇悍善敵者爲爪牙

謹候第二十一

夫敗軍喪師未有不因輕敵而致禍者故師出以律失律則凶律有十五焉一曰慮間諜明也二曰詰誶候謹也三曰勇敵衆不撓也四曰廉見利思義也五曰平賞罰均也六曰忍善含恥也七曰寬能容衆也八曰信重然諾也九曰敬禮賢能也十曰明不納讒也十一曰謹不違理也十二曰仁善養士卒也十三曰忠以身徇國也十四曰分知止足也十五曰謀自料知他也

機形第二十二

夫以愚克智命也以智克愚順也以智克智機也其道有三一曰事二曰勢三曰情事機作而不能應非智也勢機動而不能制非賢也情機發而不能行非勇也善將者必因機而立勝

重刑第二十三

吳起曰鼓鼙金鐸所以威耳旌幟所以威目禁令刑罰所以威心耳威以聲不可不淸目威以容不可不明心威以刑不可不嚴三者不立士可怠也故曰將之所麾莫不心移將之所指莫不前死矣

善將第二十四

古之善將者有四示之以進退故人知禁誘之以仁義故人知禮重之以是非故人知勸決之以賞罰故人知信禁禮勸信師之大經也未有綱直而目不舒也故能戰必勝攻必取庸將不

然退則不能止進則不能禁故與軍同亡無誡勸則賞罰失度人不知信故賢良退伏頑諂登用是以戰必敗散

審因第二十五

夫因人之勢以伐惡則黃帝不能與爭威矣因人之力以決勝則湯武不能與爭功矣若能審因而加之威勝則萬夫之雄將可圖四海之英豪受制矣

天勢第二十六

夫行兵之勢有三焉一曰天二曰地三曰人天勢者日月清明五星合度孛彗不殃風氣調和地勢者城峻重崖洪波千里石門幽洞羊腸曲沃人勢者主聖將賢三軍由禮士卒用命糧甲堅備善將者因天之時就地之勢依人之利則所向者無敵所擊者萬全矣

勝敗第二十七

賢才居上不肖居下三軍悅樂士卒畏懼相議以勇鬭相望以威武相勸以刑賞此必勝之徵也三軍數驚士卒惰慢下無禮信人不畏法相恐以敵相語以利相囑以禍福相惑以妖言此必敗之徵也

假權第二十八

夫將者人命之所懸也成敗之所繫也禍福之所倚也而上不假之以賞罰亦猶束猿猱之手而責之以騰捷膠離婁之目而使之辯青黃不可得也若賞移在權臣罰不由主將人苟自利誰懷鬭心雖伊呂之謀韓白之功而不能自衞也故孫武曰將之出君命有所不受周亞夫曰軍中聞將軍之命不聞有天子之詔

哀死第二十九

古之善將者養人如養己子有難則以身先之有功則以身後之死者哀而葬之傷者泣而撫之飢者捨食而食之寒者解衣而衣之智者禮而祿之勇者賞而勸之將能若此所向必捷矣

三賓第三十

三軍之行也必有賓客羣議得失以資將用有詞若懸流奇謀不測博聞廣見多藝多才此萬夫之望可引爲上賓有猛如熊虎捷若騰猿剛如鐵石利若龍泉此一時之雄可引爲中賓有多言或中薄技小才此常人之能可引爲下賓

後應第三十一

若乃圖難於易爲大於細先動後用刑於無刑此用兵之智也師徒已列戎馬交馳強弩纔臨短兵又接乘威布信敵人告急

此用兵之能也身衝矢石爭勝一時成敗未分我傷彼死此乃用兵之下也

便利第三十二

夫草木叢集利以遊逸重塞山林利以不意前林無隱利以潛伏以少擊眾利以日暮以眾擊寡利以淸晨強弩長兵利以捷次踰淵隔水風火暗昧利以搏前擒後

應機第三十三

夫必勝之術合變之形在於機也非智者孰能見機而作見機之道莫先於不意故猛獸失險童子持戟以追之蜂蠆發毒壯士徬徨而失色以其禍出不圖變速非慮

揣能第三十四

古之善用兵者揣其能而料其勝負主孰聖也將孰賢也吏孰

能也糧餉孰豐也士卒孰練也軍容孰整也戎馬孰逸也形勢孰險也賓客孰智也隣國孰懼也財貨孰多也百姓孰安也由此觀之强弱之形可以決矣

輕戰第三十五

螫蟲之觸負其毒也戰士能勇恃其備也是以鋒銳甲堅則人輕戰故甲不堅密與肉袒同射不能中與無矢同衆不能入與無鏃同探候不謹與無目同將帥不勇與無將同

地勢第三十六

夫地勢者兵之助也不知戰地而求勝者未之有也山林土陵邱阜大川此步兵之地土高山狹蔓衍相屬此車騎之地依山附澗高林深谷此弓弩之地草淺土平可前可後此長戟之地蘆葦相參竹樹交暎此鎗矛之地也

情勢第三十七

夫將有勇而輕死者有急而心速者有貪而喜利者有仁而不忍者有智而心怯者有謀而情緩者是故勇而輕死者可暴也急而心速者可久也貪而喜利者可遺也仁而不忍者可勞也智而心怯者可窘也謀而情緩者可襲也

擊勢第三十八

古之善鬬者必先揣敵情而後圖之凡師老糧絕百姓愁怨軍令不習器械不修計不先設外救不至將吏刻剝賞罰輕懈營陣失次戰勝而驕可以攻之若用賢授能糧食羨餘甲兵堅利四隣和睦大國應援敵有此者計而避之

整師第三十九

夫出師行軍以整爲勝若賞罰不明法令不信金之不止鼓之

不進雖有百萬之師無益於用所謂整師者居則有禮動則有威進不可當退不可逼前後應接左右應旄與之安而不與之危其眾可合而不可離可用而不可疲矣

勵士第四十

夫用兵之道尊之以爵贍之以財則士無不至矣接之以禮勵之以信則士無不死矣蓄恩不倦法若畫一則士無不服矣先之以身後之以人則士無不勇矣小善必錄小功必賞則士無不勸矣

自勉第四十一

聖人則天賢者法地智者則古驕者招毀妄者稔禍多語者寡信自奉者少恩賞於無功者離罰加無罪者怨喜怒不當者滅

戰道第四十二

夫林戰之道晝廣旌旗夜多金鼓利用短兵巧在設伏或攻於前或發於後叢戰之道利用劍楯將欲圖之先度其路十里一場五里一應偃戢旌旗特嚴金鼓令賊人無措手足谷戰之道巧於設伏利以勇鬬輕足之士淩其高必死之士殿其後列強弩而衝之持短兵而繼之彼不得前我不得往水戰之道利在舟楫練習士卒以乘之多張旗幟以惑之嚴弓弩以中之持短兵以捍之設堅柵以衛之順其流而擊之夜戰之道利在機密或潛師以衝之以出其不意或多火鼓以亂耳目而攻之可以勝矣

和人第四十三

夫用兵之道在於人和和則不勸而自戰矣若將吏相猜士卒不服忠謀不用羣下謗議讒慝互生雖有湯武之智而不取勝

於匹夫況衆人乎

察情第四十四

夫兵起而靜者恃其險也迫而挑戰者欲人之進也衆樹動者車來也塵土卑而廣者徒來也辭強而進驅者退也半進而半退者誘也杖而行者饑也見利而不進者勞也鳥集者虛也夜呼者恐也軍擾者將不重也旌旗動者亂也吏怒者倦也數賞者窘也屢罰者困也來委謝者休息也幣重而言甘者誘也

將情第四十五

夫為將之道軍井未汲將不言渴軍食未熟將不言飢軍火未燃將不言寒軍幕未施將不言困夏不操扇冬不服裘雨不張蓋與衆同也

威令第四十六

夫一人之身百萬之衆束肩斂息踵足俯聽莫敢仰視法制使然也若乃上無刑罰下無禮義雖貴有天下富有四海而不能自免者桀紂之類也夫以匹夫之刑令之以賞罰而人不能逆其命者孫武穰苴之類也故令不可輕勢不可逆

心書終

何博士備論目錄

蜀　陸機

晉上　晉下

苻堅上　苻堅下

宋武帝　楊素

唐　郭崇韜

五代

何博士備論卷上

宋　何去非正通撰

六國

秦得所以并天下之形而天下遂至於必可并六國有可以拒秦之勢而秦遂至於不可拒者豈秦爲工於擊六國耶其禍在乎六國之君自戰其所可親而忘其所可讐故也秦之爲國一而已矣而關東之國六焉計秦之地居六國五之一校秦之兵當六國十之一以五一之地十一之兵而常擅其雄强以制天下之命者由其據形使之居俯扼天下之吭而蹈其膺臂於足股之下故也使六國之君知夫社稷之實禍在秦而相與致誠締交勠力以擯秦卽秦誠巧於攻鬬則亦何能鞭笞六國使之駢首西向而事秦哉又況得以一一而夷滅之也蓋其不知慮

此凡所以早朝而晏罷者皆其自相屠斃之謀此秦所以得收其敝而終爲所擒也蓋六國之勢莫利於爲從莫害於爲衡從合則安衡成則危必然之勢也方其爲從於蘇秦也秦人不敢窺兵函谷關者十五年已而爲衡於張儀而山東諸侯歲被秦禍日割地以求事秦之權卒至於地盡而國爲墟六國固嘗收合從之利矣然而終敗於爲衡之害者其禍在乎自戰其所可親而忘其所可讎故也所謂戰所可親忘所可讎者秦人稍蠶食六國而幷吞之則關東諸侯皆與國也宜情親勢合以謀抗秦然而齊楚自恃其强有幷吞燕趙韓魏之志而緩秦之禍燕趙韓魏自懲其弱有疑惡齊楚之心而脅秦之威是以衡人得而因之散敗從約秦以氣恐而勢喝之故人人震迫爭入購秦惟恐其獨後之也曾不知齊楚雖强不足以致秦之畏而其所

甚急者獨在乎韓魏也韓魏者實諸侯之西蔽也勢能限秦而使之無東秦苟有以越之我得以制其後此秦之所忌使齊楚燕趙審夫社稷之實禍在秦而知韓魏之爲蔽於我委國重而收親之固守從約併力一志以難虎狼之秦使其一下兵於六國則六國之師悉合而從之則秦甲不敢輕越函谷而山東安矣或曰韓魏者秦之錯壤也秦兵之加韓魏也戰於百里之內其加於四國也戰於千里之外韓魏之致秦兵近在乎一日之間而其待諸侯之救乃在乎三月之外秦攻韓魏既歸而休兵則四國之乘徼者尚未及知也今徒執處勢以役韓魏則秦人固將疾攻而力壓之是使三國速被實禍而齊楚燕趙反居齒寒之憂非至計也噫齊楚燕趙之民裹糧荷戟以應秦敵者無虛歲也然終不能紓秦患於一日四國誠能歲更各國之一軍

命一偏將提之以合成韓魏而佐其勢則是六國之師日挫於韓魏之郊仰關而伺秦秦誠勇者雖日辱而招之固不輕出而以腹背支敵矣夫蘇秦張儀雖其爲術生於揣摩辨說之巧人皆賤之然其策畫之所出皆足以爲諸侯之利害而成敗之蓋蘇秦不獲終見信於六國而張儀之志獨行於秦此六國之所以見并於秦也嗟乎使關東之國裂而爲六者豈天所以終相秦乎向使關東之地合而爲一以與秦人決機於韓魏之郊則勝負之勢蓋未可知使齊能因其資而遂并燕趙楚能因其資而遂并韓魏則鼎足之勢可成以其爲國者六是以秦人得以間其權而離其交終於一一而夷滅之悲夫

秦

兵有攻有守善爲兵者必知夫攻守之所宜故以攻則克以守

則固當攻而守當守而攻均敗之道也方天下交臂相與而事秦之強也秦人出甲以攻諸侯蓋將取之也圖攻以取人之國者所謂兼敵之師也及天下攘袂相率而叛秦之亂也秦人合卒以拒諸侯蓋將卻之也圖拒以卻人之兵者所謂救敗之師也兼敵之師利於轉戰救敗之師利於固守兵之常勢也秦人據崤函之阻以臨山東自繆公以來常雄諸侯卒至於并天下而王之豈其君世賢耶亦以得乎形便之居故也二世之亂天下相與起而亡秦不三歲而為墟以二世之不道顧秦亦足以亡然而使其知指背叛之山東嚴兵拒關為自救之計雖以無道行之而山西千里之區猶可歲月保也不知慮此乃空國之師以屬章邯李由之徒越關千里以搏冠而為鄉日堂堂兼敵之師亦已悖矣方陳勝之首事而天下豪傑爭西嚮而誅秦也

蓋振臂一呼而帶甲者百萬舉麾一號而下城者數十又類皆
山林倔起之匹夫其存亡勝敗之機取決於一戰其鋒至銳也
而章邯之徒不知固守其所以老其師乃提孤軍棄大險渡漳
踰洛左馳右騖以嬰其四合之鋒卒至於敗而沛公之衆揚袖
而下崤函關雖二世之亂足以覆宗天下之勢足以夷秦而其
亡遂至於如此之亟者用兵之罪也夫秦役其民以從事於天
下之日久矣而其民被二世之毒未深其勇於公鬬樂於衞上
之風聲氣俗猶在也而章邯之爲兵也以攻則不足以守則有
餘周文常率百萬之師傅於城下矣章邯三擊而三走之卒殺
周文使其不遂縱以搏敵而坐關固守爲救敗之師關東之士
雖已分裂而全秦未潰也或曰七國之反漢也議者歸罪於吳
楚以爲不知杜成皐之口而漢將一日過成皐者數十輩遂至

於敗亡今豪傑之叛秦而罪二世之越關轉戰何也嗟夫務論兵者不論其逆順之情與夫利害之勢則爲兵亦疏矣夫秦有可亡之形而天下之衆亦銳於亡秦是以豪傑之起者因民志也關東非爲秦役矣漢無可叛之釁而天下之民無志於負漢則七國之起非民志矣天下皆爲漢役者也以不爲秦役之關東則二世安得卽其地而疾戰其民以方爲漢役之天下則漢安得不趨其地而疾誅其君此戰守之所以異術也昔者賈誼司馬遷皆謂使子嬰有庸主之才僅得中佐則山西之地可全而有卒取失言之譏於後世彼二子者固非愚於事機者也亦惜乎秦有可全之勢耳雖然彼徒知秦有可全之勢而不知至於子嬰而秦之事去矣雖有太公之佐其如秦何哉

楚漢

王天下者其資有三有以德得之有以力并之有以智取之得之以德者三代是也并之以力者秦人是也取之以智者劉漢是也蓋以力則不若智之勝以智則不若德之全至於項羽之爭天下也其所執者爲何資耶德非羽之所得言者矣其於智力之資又皆兩亡焉而後世之議乃曰項羽其亦不幸遇敵於漢而遂失之嗟夫雖微漢高帝而羽之於天下固將失之也漢王之於智蓋疏矣以其能得眞智之所在此所以王項羽之於力嘗強矣以其不知眞力之所在此所以亡彼項羽以百戰百勝之氣蓋於一時手裂天下以王豪傑而宰制之自以天下莫能抗也觀其所賴以爲資蓋有類乎力者矣雖然彼之所謂力者內恃其身之勇叱咤震怒足以威匹夫外恃其眾之勁摶捽決戰足以吞敵人而已至於阻河山據形便俯首東瞰臨制天

下保王業之固遺後世之強所謂負力者彼固莫或之知也是以輕指關中天險之勢燔燒屠戮以逞其暴卒舉而遺之三降虜反懷區區之故楚而甚榮其歸乃曰富貴不歸故鄉如衣繡夜行誰能知者此特淺丈夫之量安足為志天下者道哉後之數羽之罪者皆曰奪漢王之關中負信義於天下此所以亡嗟夫使項氏無意於王而徒奪漢王之關中則謂其得罪於區區之信義可也如其有意於王而奪之是得計也惟其知奪而不知有此所以亡耳古者創業造邦之君而為是之為者可勝罪哉韓信未釋垓下之甲而高祖奪其兵不旋踵而又奪其齊然而智者不非而義者不罪者以其為天下者重而負人者輕故也是以不顧意氣之微恩而全社稷之大計也漢高祖挾其在己之智術固無足以定天下而王之然天下卒歸之者蓋能

收人之智而任之不疑也夫能因人之智而任之不疑則天下之智皆其資也此所謂眞智者也又其所負者帝王之度故於其西遷也則曰吾亦欲東耳安能悒悒久居此乎此其與項羽異矣雖然使無智術之士以主其謀則天下之事亦去矣方其入關乃封秦府藏還軍灞上其畫婉矣乃怵於妄議一旦拒關無納東兵以逆其衆集之鋒幾不免於項氏之暴使遂卑而驕之當能舒徐拱揖以得項王之懽心奠枕而王關中撫循其衆徐爲後圖則天下不足定矣幸而復獲漢中之遷因思歸之士并三秦定齊趙收信越以與項王親角者數歲僅乃得之向使項羽據關而王驅以東出使與韓彭田黥之徒分疆錯壤以弱其勢則關東之士倘可得兼哉信乎王者之興固有所謂驅除者也

晁錯

古者持國任事有四臣焉杜患於未兆弭菑於未形者賢臣也禍結而排之使安難立而戡之使平者功臣也國安矣挈而錯之危世治矣汩而屬之亂者非愚臣即姦臣也蓋姦臣之不足者忠愚臣之不足者智忠智不足而持國任事禍之府也昔者晁錯嘗忠於漢矣而其知不足以任天下之大權也是以輕發七國之難而其身先戮於一人之言可不謂愚乎彼錯者為申韓之學銳氣而寡恩好謀而喜功之臣也自孝景之居東宮而錯說之以人主之術數也固已知寵之矣及其即位而以天下聽之彼挾其君之以天下聽之也欲就其所謂術數之効是以輕為而不疑決發而不顧卒以憂君危國幾成劉氏之大變而後世之士猶或知之獨子雲乃謂之愚子雲之愚錯也非以其

知不足以衞身而戀之也亦以其不能杜七國未發之禍而故趣之於亂也東諸侯之勢誠强矣强而驕驕而反其理也然而束之而使無驕御之而使無反者豈固無術耶而錯之策曰削之不削皆且反也削之則反速而禍小不削則反遲而禍大是錯之術無他趣之以速反而已錯之所謂禍小者以吾朝削其地而暮得其民故也安有數十年拊循之民一旦而遂不爲之役也吳王所發五十萬之衆者皆其削郡之民也連七國百萬之師西向而圖危關中乃曰禍小者眞愚也夫七國之王獨吳少嘗軍旅爲宿姦故惡其六王皆驕夫孱稚非有高材絕器挾智任術足以就大計者其謀又非前締而宿合之也今一旦徜祥相視而起皆吳實迫之欲幷以爲東帝之資耳當孝文之世濞之不朝發於死子之隙而反端著矣賈誼固嘗爲之痛哭矣

然而孝文一切包匿不窮其姦而以恩禮羈之是以迄孝文之
世三十餘年而濞無他變也濞之反於孝景之三年而其王吳
者四十三稔矣齒髮固已就衰而鄉之勇決之氣與夫驕悍之
情窺覬之姦皆已沮釋矣今一旦奮然空國西嚮計不反顧者
濞豈得已哉有錯之鞭趣其後以起之也昔高帝之王濞者三
郡且南面而撫其國者四十餘年錯之任事一旦而削其二郡
楚趙諸齊皆以暗隱微歷奪其封國之半彼固知其地盡而要
領隨之是以出於計之無聊爲一決耳向使景帝襲孝文之寬
殺而恩禮有加焉而錯出於主父偃之策使諸侯皆得以其封
地分侯支庶以弱其勢則濞亦何事乎白首稱兵冀所非望而
楚趙諸齊不安南面之樂而甘爲濞役也吳王反虜也固天人
之所共棄未有不至於敗滅者然亦幸其未爲曉兵者也使其

誠曉兵則關東非漢有而錯之罪可勝戮哉方濞之起也其謀於宿將則曰必先取梁其謀於新將則曰必先據洛二策者皆勝策也而吳王昧於所用故敗亡隨之其曰必先取梁者梁王景帝之親母弟國大而强北距泰山西界高陽今釋梁不下而兵遂西則漢銜其膺梁擣其吭不戰而成擒矣此宿將以先取梁爲功者圖全之策也所謂以正合者也洛陽阻山河之固擁西兵之衝積武庫之械豐敖倉之粟今不疾據而徐行留攻則漢騎騰入梁楚之郊以躡之敗可立待也此新將以先據洛爲功者立奇之策也所謂以奇勝者也二策者皆勝策也雖反國之虜無所恃之亦兵家之至數也幸其當時無以雙舉而並施之以教之也是以吳王用其攻梁而不用其據洛此所以亟敗也所謂雙舉而並施者銳師卷甲以趨洛陽重兵疾攻以覆梁

都雖無能入關而山東舉矣知取梁而不知取洛則漢兵得以東下知據洛而不知取梁則梁兵得以躡後使銳師據洛而重兵攻梁洛已據則漢兵不能卽東漢兵不東則必舉梁梁舉而山東定矣幸其不出於此乃屯聚而不分以壓梁壁梁未及下而亞夫之輩馳入滎陽而壁昌邑矣求戰不得欲去不可徬徨無所之而坐成擒故曰幸其未爲曉兵者也向使吳王兩用其策而又假田祿伯以偏師提之以趨武關周兵長驅遂歷陽城之北反雖不遲而禍實大矣嗚呼孰謂鼂錯非眞愚者哉

漢武帝

兵有所必用雖虞舜太王之不欲固常舉之有所不必用雖蚩尤秦皇之不厭固當戢之古之人君有忘戰而惡兵其敝天下皆得以陵之故其勢蹙於弱而不能振有樂戰而窮兵其敝天

下皆得以乘之故其勢歷於強而不知屈然則兵於人之國也有以用而危亦有以不用而殆矣西漢之興歷五君而至於孝武自高帝之起匹夫誅強秦蹙暴楚已而平反亂征不服迄終其世而天下伏尸流血者二十餘年呂后惠文乘天下初定與民休息深持柔仁不拔之德其於兵也固憚言而厭用之也可謂知天下之勢矣孝景之於漢也蓋威可抗而兵可形之時也然而即位未幾卒然驚於七國之變故其志氣創艾亦姑安天下之無事未暇為天下之勢慮也然其為漢之勢亦浸以趨弱矣孝武帝以雄才大畧承三世涵育之澤知夫天下之勢將就弱而不振所當濟之以威強而抗武節之時也方是時也內無姦變之臣外無強偪之國而世為漢患者獨匈奴耳夫匈奴自楚漢之起乘秦之亂復踐河南之地而其勢始強高帝嘗以三

十萬之衆困於白登之圍蓋士不食者七日已解而歸不忍有以復之而和親始議矣高后被其嫚書之辱歸朝而震怒矣終之以婉辭順禮慰適其桀驁之情凡此者皆欲與民息肩姑置外之而不校也孝文之立其所以順悅輸遺者甚至飾遺宗女以固其懽蓋送車未返而彼已大舉深入候騎達於甘泉雍梁矣其後乍親乍絕蓋爲寇患至於近嚴霸上棘門細柳之屯以衞京都以孝文之寬仁鎭靜攝衣發憤親駕而驅之者再乃至乎輟飯搏髀而思頗牧之良能也孝景之世其所以悅奉之情與夫遺給之數又加至矣然其寇侵之暴紛然其不止也由是觀之漢之於匈奴非深懲而大治之則其爲後患也可勝備哉是以孝武抗其英特之氣選徒習騎擇命將帥先發而昌誅之蓋師行十年斬刈殆盡名王貴人俘獲百數單于捧首竄遁漠

北遂收兩河之地而郡縣之刷四世之侵辱遺後嗣之安强至於宣元成哀之世單于頓顙臣順謁期聽令以朝位次比內諸侯雖曰勞師費財而功烈之被遠矣使微孝武則漢之所以世被邊患其戍役轉餉以憂累縣官者可得而預計哉甚矣昧者之議不知求夫天下之勢强弱之任所當然者而猥曰文景爲是慈儉愛民而武帝黷於兵師祈祝至與秦皇同日而非誚之豈不痛哉使孝武不溺於文成五利之姦以重耗天下擯斂之役止於衛霍之既死而不窮貳師之兵則其功烈與周宣比隆矣

李廣

先王之政不求徇人之私情而求當天下之正義正義之立在國爲法制在軍爲紀律治國而緩法制者亡理軍而廢紀律者敗法制非人情之所安然吾必驅之使就者所以齊萬民也紀

律非士心之所樂然吾必督之使循者所以嚴三軍也昔者李廣之為將軍其材氣超絕漢之邊將無出其右者自漢師之加匈奴廣未嘗不任其事蓋以兵居郡者四十餘年以將軍出塞者歲相繼也而大小之戰七十餘遇以漢武之厚於賞功自衛霍之出克敵而取侯封者數十百人廣之吏士侯者亦且數輩而廣每至於敗衂廢罪無尺寸之功以取封爵卒以失律自裁以當幕府之責當時後世之士莫不共惜其材而深哀其不偶也竊嘗究之以廣之能而遂至於此者由其治軍不用紀律此所以勳烈爵賞皆所不與而又繼之以死也夫士有死將之恩有死將之令知死恩而不知死令常至於驕知死令而不知死恩常至於怨善於將者使有以死吾之恩又有以死吾之令可百戰而百勝也雖然死恩者私也死令者職也士未有以致其

私而有以致其職者可戰也未有以致其職而有以致其私者未可戰也蓋私者在士而職者在將在士者難恃在將者可必故也夫部曲行陣屯營頓舍與夫晝夜之警嚴符籍之管攝皆所謂軍之紀律雖百夫之率不可一日輒廢而緩於申嚴約束者也故以守則整而不犯以戰則肅而用命今廣之治軍欲其人人之自安利也至於部曲頓舍警嚴管攝一切弛畧以便其私而專爲恩所謂軍之紀律者未嘗用也故當時稱其寬緩不苛士皆愛樂而程不識乃謂士雖佚樂爲之死敵然敵卒犯之無以禁也此其恩不加令而功之難必也士誠樂死之矣然其紀律之不戒也亦所以取敗也故曰厚而不能令譬如驕子不可用也昔者司馬穰苴卒然擢於閭伍之間而將齊軍一申令於莊賈而三軍之士莫不奮爭爲之赴戰遂一舉而摧燕晉之

師彭越起於羣盜百人之衆其所率者皆平日之等夷一旦號令斬其後期衆皆莫敢仰視遂以其兵起爲侯王卒佐高祖平一天下二人者豈復所謂素撫循之師者哉以其得治軍之紀律能使夫三軍之士必死於令故也廣不求諸此乃從妄人之談而深自罪悔於殺已降以爲禍蓋莫大於此者亦已疏矣

李陵

善將將者不以其將予敵善爲將者不以其身予敵主以其將予敵而將不辭是制將也將以其身予敵而主不禁是聽主也故聽主無斷而制將無權二者之失均焉漢武召陵欲爲貳師將輜重也而陵恥於屬人自以所將皆荆楚勇士奇才劍客願得自當一隊以步卒五千涉單于庭而無所事騎也夫所謂騎者匈奴之勝兵長技也廣澤平野奔突馳踐出沒千里非中國

步兵所能敵也以匈奴之強兵騎之衆居安待佚爲致敵之主
而吾欲以五千之士擐甲負糧徒步深入策勞麾憊爲赴敵之
客是陵輕委其身以予敵矣而漢武不之禁也乃甚壯之而聽
其行上無統帥而旁無援師使之窮數十日之力涉數千里之
地以與敵角而冀其成功陵誠勇矣雖其所以摧敗足以暴於
天下卒以衆寡不敵身爲降虜辱國敗家爲天下笑者是漢武
以陵與敵也故曰二者之失均焉法曰小敵之堅大敵之擒也
陵提五千之士孤軍獨出當單于十萬之師轉鬬萬里安得不
爲其所擒也是以古之善戰者無幸勝而有常功計必勝而後
戰是戰不可以幸得也度有功而後動是功可以常期也秦將
取荊問其將李信曰度兵幾何而足信曰二十萬足矣以詢王
翦翦曰非六十萬不可秦君甚壯信而怯翦也遂以二十萬衆

信將而行大喪其師而還秦君大怒自駕以請王翦翦曰必欲用臣顧非六十萬人不可也秦君曰諾受命翦遂將之卒破荊而滅之焉冒頓單于嫚辱呂后漢之君臣廷議欲斬其使遂舉兵擊之樊噲請曰願得十萬衆橫行匈奴中季布曰噲可斬也昔高祖以四十萬衆困於平城噲奈何欲以十萬衆橫行匈奴也呂后大悟遂罷其議向使王翦徇秦君以將予敵而不辭呂后聽樊噲以身予敵而不禁則二將之禍可勝悔哉夫李廣李陵皆山西之英將也材武善戰能得士死力然輕暴易敵可以厲人難以專將世主者苟能因其材而任之使奮勵氣節霆擊鷙搏則前無堅敵而功烈可期矣漢武皆乖其所任二人者終僨覆而不濟身辱名敗可不惜哉大將軍衛青之大擊匈奴也以廣爲前將軍青徙廣出東道少回遠乏水草廣請於上曰臣

部爲前將軍令臣出東道臣結髮與匈奴戰乃今一得當單于臣願居前先死單于而青陰受上旨以廣數奇無令當單于恐不得所欲廣遂出東道卒以失期自殺夫以廣之材勇得從大將軍全師之出其勝氣已倍矣又獲居前以當單于此其志得所逞宜有以自効無復平日之不偶也奈何獨擯之使其枉道他出遂死於悒悒而天下皆深哀焉至若陵也又聽其以身予敵而棄之匈奴僥倖於或勝及其以敗鬪徒延首傾耳望其死敵而已無他悔惜也嗟夫漢武之於李氏不得爲無負也蓋用廣者失於難而用陵者失於易其所以喪之者一也賈復中興之名將也世祖以其壯勇輕敵而敢深入不令別將遠征嘗自從之故復卒以勳名自終蓋壯勇輕敵者可以自從而別將遠征之所深忌也觀賈復之所以爲將無以異於陵廣也而世

祖不令別將遠征常以自從者是明於知復而得所以馭之之術也故卒收其效而全其軀不然則復也亦殞於敵矣嗚呼任人若世祖者幾希矣

霍去病

天之所與不可強而甚高者材也性之所受不可習而甚明者智也以天下無可強之材可習之智則凡材智有以大過於人者皆天之所以私被之也天下之事莫神於兵天下之能莫巧於戰以其神也故溫恭信厚盛德之君子有所不能知以其巧也而桀惡欺譎不羈之小人常有以獨辦由是觀之凡材智之高明而自得於兵之妙用者皆天之所資也昔者漢武之有事於匈奴也其世家宿將交於塞下而衞青起於賤隸去病奮於驕童轉戰萬里無嚮不克聲威功烈震於天下雖古之名將無

以過之二人者之能豈出於素習耶亦天之所資也是以漢武欲教去病以孫吳之書乃曰顧方畧何如耳不求學古兵法信哉兵之不可以法傳也昔之人無言爲而去病發之此足知其爲曉兵矣夫以兵可以無法而人可以無學也蓋兵未嘗不出於法而法未嘗能盡於兵以其必出於法故人不可以不學然法之所得而傳者其粗也以其不盡於兵故人不可以專守蓋法之無得而傳者其妙也法有定論而兵無常形一日之內一陣之間離合取舍其變無窮一移踵瞬目而兵形易矣守一定之書而應無窮之敵則勝負之數戾矣是以古之善爲兵者不以法爲守而以法爲用常能緣法而生法與夫離法而會法順求之於古而逆施之於今仰取之於人而俯變之於己人以之死而我以之生人以之敗而我以之勝視之若拙而卒爲工察

之若愚而適爲智運奇合變既勝而不以語人則人亦莫知其所以然者此去病之不求深學而自顧方畧之如何也夫歸師勿追曹公所以敗張繡也皇甫嵩犯之而破王國窮寇勿迫趙充國所以緩先零也唐太宗犯之而降薛仁杲百里而爭利者蹶上將孫臏所以殺龐涓也趙奢犯之而破秦軍貫謝犯之而破叛羌強而避之周亞夫所以不擊吳軍之銳也光武犯之而破尋邑石勒犯之而敗貧濬兵少而勢分者敗黥布所以覆楚軍也曹公用之拒袁紹而斬顏良臨敵而易將者危騎劫所以喪燕師也秦君用之將白起而破趙括薛公策黥布以三計知其必棄上中而用其下賈詡策張繡以精兵追退軍而敗以敗軍擊勝卒而勝宋武先料譙縱我之出其不意然後攻彼之所不意李光弼暫出野次忽焉而歸卽降思明之二將凡此者皆

非法之所得膠而書之所能教也然而善者用之其巧如是此果不在乎祖其緒餘而專守也趙括之能讀父書詳矣而藺相如謂徒能讀之而不知合變也故其於論兵雖父奢無以難之然奢不以爲能而遂知其必敗趙軍者以書之無益於括而妙之在我者不特非書之所不能傳而亦非吾心之能逆定於未戰之日也昔之以兵爲書者無若孫武武之所可以教人者備矣其所不可者雖武亦無得而預言之而惟人之所自求也故其言曰兵家之勝不可先傳又曰奇正之變不可勝窮又曰人皆知我所勝之形而莫知吾所以制勝之形故其戰勝不復而應形於無窮善學武者因諸此而自求之乃所謂方畧也去病之不求深學者亦在乎此而已嗟乎執孫吳之遺言以程人之空言求合乎其所以教而不求其所不可教乃因謂之善者亦

已亥矣

劉伯升

古之豪傑遭天下之變亂慨然而起皆有拯民撥亂之志其兵力威勢亦足以就功成業者已而一旦肝腦屠潰於庸夫孺子之手曾不少悟爲天下笑者何也恃氣而易人矜衆而忽禍卒然而發於心意之所不及故也昔者王莽之盜漢也而劉氏宗屬誅夷廢錮救死不暇幸而存者皆孱駑不肖習爲佞媚苟生而已獨伯升憤然有興復絕緒之志收結輕俠起以誅莽雖莽亦深憚之方其起也獨率舂陵子弟八千人乃誘合新市平林數千之兵以助其勢而光武之師亦倡於宛是以斬甄阜梁邱賜而破嚴尤陳茂之師不數月而衆至十萬其勢振矣於是豪傑相與議立漢宗以從人望其意固在乎伯升也而新市平林

憚其威明且樂更始之懦弛也遂定策立之伯升爭之而不得也已而伯升拔宛光武大破尋邑百萬之眾更始君臣愈不自安遂誅伯升嗟乎伯升之志固大矣而其死也愚夫且及知之而伯升之不悟也夫新市平林之將帥故羣盜耳方吾之起而藉其兵已而連郤大敵而擁眾十萬者功在我也人以其功而欲崇立之新市平林之不樂也舉而屬之駑弱之更始則三軍之權不在伯升而在乎新市平林矣權分於人而又固爭更始之立宜其不旋踵而誅矣昔者呂后之欲王諸呂也以問其相王陵陳平王陵力爭而陳平可之夫王陵之爭將欲以安漢而摧諸呂也不知陳平之可者乃所以安漢而摧諸呂也伯升所拒更始之立者王陵之爭也非所以自安矣雖然伯升之心固未嘗忘新市平林之與更始也惜其撫機而不知發而為人發

之此其死而不悟也宋義之令軍中曰猛如虎狠如羊貪如狼強不可使者斬之其意固在乎項羽也羽知其意之在我也是以先發而誅之使其不先發卽羽亦誅矣伯升以新市平陵之爲附我是以德之而未忍負之耶孰若蜀先主之於劉璋乎密之於翟氏也璋舉全蜀倚先主先主遂取之以爲鼎足之資人不非其負璋而與其得取蜀之機也密始臣於翟氏翟自以其才之不逮密也推而主之已而微有間言密卽誅之其權遂一而兵以大振使伯升乘舉宛之威而又因世祖破尋邑之勢勒兵誓師以戮新市平林之驕將而黜更始則中興之業不在世祖矣嗟乎伯升之不忍者亦婦人之仁耳古之求集大事者常不忍於負人而終爲人之所負者以其相伺之機間不容髮故也世祖之連兵決戰不及伯升而深謀至計乃甚過之蓋伯升

類項羽而世祖類高皇此所以定天下而復大業也始伯升之見殺而世祖馳詣更始遜巡引過深自咎謝不爲戚傷是以更始信而任之卒至摧王郎定河北其資成矣乃徐正其位號遂以其兵西加更始而定長安使其遂形憤快不平於伯升之禍則亦俯誅而已矣

漢光武

師不必衆也而効命者克士無皆勇也而致死者勝古之人有以衆而敗有以寡而勝者王尋王邑以百萬而敗於三千之光武曹公以八十萬而敗於三萬之周瑜苻堅以百萬而敗於八千之謝元是也夫率師百萬以臨數千之軍者必勝之軍也然有時而至於敗者驕吾所以必勝而以輕敵敗也提卒數千以當百萬之衆者必敗之道也然有時而至於勝者奮吾所以必

敗而以致死勝也夫兵多在敵者智將之所貪而愚將之所懼也兵寡在我者愚將之所危而智將之所安也多固可懼而我貪之情吾有以獨其驕也少固可危而我安之情吾有以激其奮也提數千之兵以抗大敵使人人自致其死而忘其爲數千之弱者易能也運百萬之衆以臨小敵使人人各效其命而忘其爲百萬之強者難能也何者弱則思奮而強則易懈故也弱而奮則奮者其氣也強而懈則懈者其情也於氣則易乘於情則難率因易乘之氣而激之故有以寡而勝者矣就難率之情而驅之故有以多而敗者矣是以古之善論將者必知其所以勝任之多寡者非所勝任雖多而累矣韓信以高祖之所勝將者十萬耳而其自謂則雖多而益辦也是以古之善將者其用百萬如役一人分數既定形名既飭節制素明威賞素著有術

以用其鋒故也趙括一用趙人四十萬束手而就長平之坑者
敗於眾也王翦必用秦軍六十萬然後取勝於荊者辦於多也
漢高祖嘗一大用其軍矣刼五諸侯之兵合六十萬以攻楚也
而項羽逡巡以三萬之銳起而覆之濉水為之不流此將逾其
分而韓信之所憂也曹公之於兵也巧拙奇變離合出沒其應
無窮白首於兵未嘗不以少敵眾也卒喪赤壁之師而成劉備
周瑜之名者驕荊州之勝恃水陸之眾而敗於懈也方尋邑百
萬之眾以厭昆陽其視孤城之內外者皆几上肉也然而光武
合數千之卒申之以必死之誓激之以求生之奮身先而搏之
則其反視尋邑之眾者皆几上肉也是以勝雖然是役也人以
其為光武之能事而莫知其所以為能事也唯諸將覩其生平
見小敵怯見大敵勇也皆竊怪之而不知光武為是勇怯者乃

所謂能事而皆以求勝也夫怯於小敵者其眞情也勇於大敵者其權術也敵小而怯怯而戒戒而勵勝之道也敵大而勇勇而決決而奮亦勝之道也於敵之小而示之眞情是以不易勝之也於敵之大而用其權術是以不畏勝之也光武非特能以少敗衆也固又至於多而益辦也嗚呼光武之於取天下者亦何獨不出於眞情之與權術歟顧人莫之測耳始伯升之結賓客喜士規以誅莽以復劉氏而世祖乃獨事田業勤稼穡而已故伯升比之高祖兄仲而人亦以謹厚目之不意其有他也及其部勒賓客絳衣大冠而起於宛則勇決之氣又有過於伯升者焉夫光武意之所以在莽者豈一日之間耶然於莽之世而爲伯升之所爲者固亦危矣是以光武之獨事田業爲謹厚者其權術也卒然而起絳衣大冠者其眞情也故伯升首事而光

武收之嗚呼英雄若世祖者蓋難及也

鄧禹論

魏上

昔者東漢之微豪傑並起而爭天下人各操其所爭之資蓋二袁以勢呂布以勇而曹公以智劉備孫權各挾乎智勇之微而不全者也夫兵以勢舉者勢傾則潰戰以勇合者勇竭則擒唯能應之以智則常以全強而制其二者之弊是以袁呂皆失而曹公收之劉備孫權僅得自全於區區之一隅也方二袁之起藉其世資以撼天下紹舉四州之衆南向而逼官渡術據南陽以擾江淮遂竊大號呂布驍勇轉鬬無前而爭兖州方是之時天下之窺曹公疑不復振而人之所以爭附而樂赴者袁呂而已而曹公遂巡獨以其智起而應之奮盈萬之旅北摧袁紹而

定燕冀合三縣之眾東擒呂布而收濟兗壓袁術於淮左徬徨無歸遂以奔死而曹公智畫之出常若有餘而不少困彼之所謂勢與勇者一旦潰敗皆不勝支然後天下始服曹公之爲無敵而以袁呂爲不足恃也至於彼之任勢與力及夫各挾智勇之不全者亦皆知曹公之獨以智強而未易敵也故常內憚而其躐之唯曹公自恃其智之足以鞭笞天下而服役之也故常視敵甚輕爲無足慮於其東征劉備也袁紹欲躡之於其官渡之相持也孫權欲襲之於其北征烏桓也劉備欲乘之三役者皆所以致兵招寇而窺伺間隙者所起之時也然而曹公晏然不爲之深憂而易計者亦失於負智輕敵之已甚是以數乘危而徼倖也雖然於勢不得不起者蓋劉備在所必征袁紹在所必拒然又其近在於徐州之與官渡使其人之謀我而我亦將

有以應之未有乎顚沛也至於烏桓之役則其輕敵遠寇而苟免禍敗者固無恐於此時也夫袁紹雖非曹公之敵亦所謂一時之豪傑橫大河之北奄四州之土南向而爭天下一旦摧敗卒以憂死而其二子孱駑不肖曹公折箠而驅之北走烏桓苟延歲月之命雖未就梟戮亦可知其無能爲矣方是之時中土未安幽冀新附而孫權劉備覘伺其後獨未得其機以發之耳而操方窮其兵力遠卽塞北以從事於三郡烏桓爲不急之役徼倖於一決嗚呼可謂至危矣使劉表少辨事機而備之謀得還舉荊州之眾卷甲而乘許下之虛則魏之本根撥矣曹公雖還而大河之南非復魏有矣然則操之數爲此舉而蔑復顧者恃其智之足以遙制於人而易之也夫官渡徐州之役在勢有不得不應雖易之可也今提兵萬里後皆寇讐而前向勁敵且

甚易之而不顧者亦已大失計矣劉備之不得舉者天所以相魏耳嗟乎人唯智之難能苟惟獲乎難能之智加審處而慎用之則無所不濟今乃恃之以易人則其與不智者何異曹公所以履蹈禍機而幸免者天實全之耳後之人無求祖乎曹公而謂天下之可易也矣

魏下

言兵無若孫武用兵無若韓信曹公武雖以兵爲書而不甚見於其所自用韓信不自爲書曹公雖爲而不見於後世然而傳稱二人者之學皆出於武是以能神於用而不窮竊嘗究之武之十三篇天下之學兵者所通誦也使其皆知所以用之則天下孰不爲韓曹也以韓曹未有繼於後世則凡得武之書伏而讀之者未必皆能辦於戰也武之書韓曹之術皆在焉使武之

書不傳則二人者之爲兵固不戾乎武之所欲言者至其所以因事設奇用而不窮者雖武之言有所未能盡也驅市人白徒而置之死地惟若韓信者然後能斬陳餘遏其歸師而與之死地惟若曹公者然後能克張繡此武之所以寓其妙固有待乎韓曹之儔也譎衆圖勝而人莫之能知既勝而復譎以語人人亦從而信之不疑此韓信曹公無窮之變詐不獨用於敵而亦自用於其軍也蓋軍之所恃者將將之所恃者氣以屢勝之將恃必勝之氣以臨三軍則三軍之士氣定而情安雖有大敵故嘗吞而勝之韓信以數萬之衆當趙之二十萬非脆敵也乃令裨將傳食曰破趙而後會食信策趙爲必敗可也而曰必破而後會食者可豫期哉使誠有以破趙雖食而戰未爲失趙之敗也然而韓信爲此者以至寡而當至衆危道也故示之以必勝

之氣興、夫至暇之情所以寧士心而作之戰也曹公之征關中馬超韓遂之所糾合以拒公者皆劇賊也每賊一部至公輒有喜色賊既破諸將問其故答曰關中長遠賊各據險征之不一二年不可定也今其皆集可一舉而滅之是以喜耳袁紹追公於延津公使登壘而望之曰可五六百騎有頃復白騎積多步兵不可勝計公曰勿復白乃令解鞍縱馬待焉有頃縱兵擊之遂大破紹斬其二將夫敵多而懼者人之情也以曹公之勇而形之以懼則其下震矣故以僞喜僞安示之衆恃公之所喜與安也則畏心不生而勇亦自倍此所以勝之也故用兵之妙不獨以詐敵而又以愚吾士卒之耳目也昔者創業造邦之君蓋莫盛於漢之高皇考其平日之智勇實無以逮其良平信越之佐然其崛起曾不累年誅秦覆楚遂奄天下而王之曹公之資機警挾漢以令天下其行兵用師決機合變當日無與其儷也然卒老於軍不能平一吳蜀此其故何也議者以其持法嚴忍諸將計畫有出於已右者皆以法夷之故人舊怨無一免者此所以不濟嗟夫曹公殘刻少恩必報睚眦之怨眞有之矣至若謀夫策士收攬驅任固亦不遺未嘗深負之也蓋嘗自詭以帝王之志業期有以欺眩後世然稽其才畧蓋亦韓信之等夷而其遇天下之變無以異於劉項之際劉備孫權皆以人豪因時乘變保據一隅而公之諸將皆非其敵至於鞭笞中原以基大業皆公自爲之而老期迫矣此其爲烈與漢異也

司馬仲達

昔之君臣相擇相遇天下擾攘之日君未嘗不欲其臣之才臣未嘗不欲其君之明臣既才矣而其君嘗墊於甚忌君既明矣

而其臣常至於甚憚者何也君非有懸於臣而忌之也忌其權畧之足以貳於我也臣非有外於君而憚之也憚其剛忍之足以不容於我也此忌憚之所由生也雖然君固有所不忌以其得無所當忌之臣臣固有所不憚以其得無所當憚之君昔者蜀先主之與諸葛孔明苻堅之與王猛是也至於曹公之與司馬仲達則忌憚之情不得不生矣非仲達不足以致曹公之忌非曹公不足以致仲達之憚夫天下之士不應曹公之命者多矣而仲達一不起已將收而治之矣仲達之不起固疑其不爲己容曹公之欲治固疑其不爲己用此相期於其始者固已不盡君臣之誠矣則忌憚何從而不生也雖然仲達處之卒至乎曹公無所甚忌仲達無所甚憚者此所以爲人豪以成乎取魏之資也人之挾數任術若荀文若者幾希矣蓋曹公之策士而倚

之爲蓍龜者也公之欲遷漢祚也於其始萌諸心而仲達啟之以中其欲於其既形於迹而文若沮之以悖其情已而文若出於危言而不能救其誅仲達卒爲之腹心而遂去其憚方曹公之鞭笞天下求集大業也將師四出無一日而釋甲而仲達獨以其身雍容治務而已未嘗一求將其兵雖公亦不以爲能而欲使之迨公之亡始制其兵出奇應變倏忽若神無往不殄雖曹公有所不逮焉魏文固已無忌仲達固已無憚天下始甚畏之猶公之不亡也由是觀之仲達之以術略自將其身者可得而窺哉奈何諸葛孔明欲以其至誠大義之懷數出其兵求與之決於一戰以定魏蜀之存亡哉仲達孔明皆所謂人傑者也渭南之役人皆惜亮之死以爲不見夫二人者決勝負於此舉也亮之僑軍利在速戰仲達持重不應以老其師而求乘其弊

亮以巾幗遺之欲激其應仲達表求決戰魏君乃遣辛毗杖節制之亮以仲達無意於戰其請於君徒示武於眾耳嗟夫謂仲達之請戰以示武於眾者則或有之謂其有所終畏而無意於一決者亦非也雖然使辛毗不至則仲達固將不戰也仲達之所求者克敵而已今以一辱不待其可戰之機乃悻然輕用其眾爲忿憤之師安足爲仲達也晉之朱伺號爲善戰人或問之伺曰人不能忍而我能忍是以勝之豈以仲達而無朱伺之量耶察其所以誅曹爽者足見其能忍而待也故其策亮曰亮志大而不見機多謀而少決好兵而無權雖提卒十萬已墮吾畫中破之必矣此仲達之志也亮之始出也仲達語諸將曰亮若勇者當出武功依山而東若西上五丈原則諸軍無事矣昔曹公攻鄴袁尚以兵救之諸將皆以歸師勿遏當避之公曰尚從

大道來且避之若循西山則成擒耳尙果循西山一戰擒之盧循反攻建業宋武策之曰賊若新亭直上且當避之回泊蔡洲則成擒耳循果泊蔡洲一戰而走之亮之趨原與袁尙之循西山盧循之泊蔡洲等耳蓋銳氣已奪固將畏而避入不足爲人之所畏避此三君者所以易而吞之也亮常歲之出其兵不過數萬不以敗還輒以饑退今千里負糧餉師十萬坐而求戰者十旬矣仲達提秦雍之勁卒以不應而老其師者豈徒然哉將求全於一勝也然而孔明既死蜀師引還而仲達不窮追之者蓋不虞孔明之死其士尙飽而軍未有變蜀道阻而易伏疑其僞退以誘我也向使孔明之不死而斃於相持則仲達之志得矣或者謂仲達之權詭不足以當孔明之節制此腐儒守經之談不足爲曉機者道也

何博士備論卷上終

何博士備論卷下

宋　何去非正通撰

鄧艾

事物之理可以情通而不可以迹係通之以情則有以適變而應乎聖人所與之權係之以迹則無以制宜而入乎聖人所疾之固是以天下事功之成常出於權而其不濟常主於固夫以人爲是而求踐之不知所以踐者於今爲非以人爲非而求矯之不知所以矯者於今爲是是皆不求通之以今日之情而係之以既往之迹故其所以踐與矯者適足以爲禍悔之資也昔衞青之擊匈奴其裨將蘇建盡亡其軍於令當斬青以不敢專誅於外囚建送之人皆多青之不擅權得所以爲臣與帥之順道也皇甫嵩討賊梁州董卓副之賊平詔卓以兵屬嵩卓不受

詔挾兵睥睨入皆勸嵩誅之嵩不欲其專誅於外也而以狀聞卓因遂其兇逆卒以不制夫嵩之舍卓者非出於他也蓋以矯青不戮蘇建獲恭厚之譽遂係迹而求踐之不知所以舍卓者於今爲縱寇也鄧艾之伐蜀也出於萬死不顧一生之計乘危決命卒俘劉禪可謂功矣然其心氣潤習以爲閫外之任當制威賞乃大專拜假王欲擅王劉禪留西不遣雖司馬文王以顧論之猶不見聽是以鍾會得入其間以及於誅而不悟也夫艾之專制者非出於他也蓋以皇甫嵩常要譽求全而失於董卓故蹈後悔遂係迹而求矯之不知所以矯嵩者於今爲召禍也是皆不求通之以今日之情而專係乎既往之迹此所以不自知夫禍悔之集也觀艾之爲將也急於智名而銳於勇功喜邀前利而忘顧後患者也艾常以是勝敵矣而卒結禍於其身者

亦以此也始鍾會以十萬之勁而趨劍閣姜維以摧折之師儳於奔命雖能拒扼而終非堅敵也艾為主帥不務以全策縻之乃獨以其兵萬人自陰平邪徑而趨江油以襲劉禪盡出其不意而行無人之境七百餘里鑿山險治橋閣巖谷峻絕士皆攀緣崖木投墜而下又糧運不繼而艾至於以氊自裹轉運而下嗚呼可謂危矣士皆殊死決戰僅獲破諸葛瞻之師而劉禪悖追卽時束手使禪獨忍數日之不降以待援師之集則艾為以肉齒餓虎矣艾一不濟則鍾會十萬之師可傳呼而潰矣艾以其身為僥倖之舉者乃求生救敗之計非所謂取亂侮亡之師而亦非大將自任之至數也是役也非艾無以取勝於速而其勝也有出於幸使其不幸而至於潰敗者亦艾致也夫奇道之兵將以掩覆於其外必有以應聽於其內然後可與勝期而功

會也唐李愬之入蔡以取吳元濟也以其有李祐之爲鄉道故也使其無懸瓠之主則愬亦何能乘危而僥倖也西漢中興之名將無若趙充國史稱其沈勇有大畧觀其爲兵期於克敵而已每以全師保勝爲策未嘗苟競於一戰故其居軍無顯赫殲滅之效卒至勝敵於股掌之上安邊定寇皆出其畫而獨收其成勳他將無與焉幾於所謂無智名勇功之善者也由是觀之艾之所以不能免者亦其操術之致然也

吳

古之豪傑有功業之大志其才力雖足有以取濟而無謀夫策士合奇集智以更轉其不足使無失乎事機之會則往往功敗業去而爲徒發者皆是也昔東漢董卓之變豪傑相視而起於中州者若袁曹劉呂皆負其姦豪之資求因時乘變以濟所欲

特孫堅激於忠勇投袂特起於區區之下郡會以誅卓雖卓亦獨憚而避之惜乎三失大幾而功業不就卒以輕敵遂殞其身由無謀夫策士以發其智慮之所不及故也始堅以義從之士起於長沙北至南陽眾已數萬南陽太守不時調給堅責以稽停義師按軍律而誅之人大震服南陽民籍且數百萬兵彊食阜而堅不遂據之以治軍整卒命一偏將西趨武關以震三輔身扼成皐而定鞏洛迎天子而奉之仗順討逆以濟其志乃反東去而袁術得以起而收於羈旅之中以為己資遂以驕肆此堅之一失也夫董卓之强天下畏之袁紹曹公相與歃血而起者凡十一將皆擁據州郡眾合數萬然無敢先發以向卓者獨曹公與其偏將遇遂以敗北而堅獨以其兵趨之合戰陽人大破其軍梟其銳將卓深震懼乃遣腹心請堅和親戚令疏其子

弟勝刺史郡守者悉表用之向使堅陽合而陰伺之差其宗親苟勝軍事者皆列疏與爲使得各據土擁兵以大其勢徐四起以覆之則其取卓易於反掌不知出此乃怨辱其使誓必誅卓使之憤懼遂殘汙洛陽刼持天子西引入關以避其鋒而窮其毒此堅之二失也夫兵以義動者其勢足以特立則何至於附人苟唯不能而有所附必其德義足以爲天下之所歸往者然後從之袁術徒膺藉世資以役天下其驕豪不武非托身之主也堅已驅卓而收復雒陽之殘壞不能阻山河之固因形勢之便以觀天下之變乃遠軍魯陽聽役於術爲之崎嶇轉戰以摶黃祖卒殞其身於襄漢之間無異士伍此堅之三失也夫一舉事而三失隨之則其功業違矣孫策壯武術畧過於其父又有周瑜魯肅之儔以輔其起惜乎堅之不善基也使其不得奮於

中原以饒天下然策一舉而遂收江東爲鼎足之資使其不死嘗爲魏之大患策之不得逞於中原非其智力之不逮蓋袁紹已據河北曹公已收河南獨無隙以投之故也以劉備之間關轉戰至於白首不獲中州一塊之壤以寓其足而策乃能以敝兵千餘渡江轉鬭不數歲而席卷江東此其過備遠矣權之勇決進取無以逮其父兄然審幾察變持保江東於權有焉夫三國之形雖號鼎足而其雌雄強弱固有所在魏雖不能遂并天下蓋不失其爲雄強吳蜀雖能各據其國然不免爲雌弱權惟能知乎此是以內加撫循而外加備禦而已時有出師動衆以示武警敵者北不逾合淝而西不過襄陽未嘗大舉輕發以求徼倖於魏而魏人之加於我亦嘗有以拒之未嘗困折是以終權之世而江東安由是觀之則權之爲謀審於諸葛武侯之用

蜀矣

蜀

或曰劉備之爭天下也不因中原而西入巴蜀此所以據非其地而卒以不振歟曰有之也備非特委中原而趨巴蜀也亦爭之不可得然後委之而西入耳備之西者由智窮力盡晚而後出於其勢之不得已也方其豪傑並起而備已與之周旋於中原矣始得徐州而呂布奪之中得豫州而曹公奪之晚得荊州而孫權奪之備將興復劉氏之大業其志未嘗一日而忘中州也然卒無以暫寓其足委而西入者有曹操孫權之兵軋之也備之既失豫州而南依劉表也始得孔明於羈窮困蹙之際而孔明始導之以取荊取益而自爲資孔明豈以中州爲不足起而以區區荊益之一隅足以有爲耶亦以魏制中原吳擅江

左天下之未爲吳魏者荆益而已顧備不取此則無所歸者故
也是以一敗曹公而遂收荆州繼逐劉璋而遂取益州者孔明
之畧也雖然孔明之於二州也得所以取之而失所以用之至
於遂亡荆州而勞用蜀民功業亦以不就良有以也夫荆州之
壤界於吳蜀之間而二國之所必爭者也自其勢而言之以吳
而取荆則近而順以蜀而爭荆則遠而艱蜀之不能有荆猶魏
之不能有漢中也是以先主朝得益州而孫權暮求其荆州權
之求之也非以備之得蜀而無事乎荆也亦以其自蜀而爭之
不若乎吳之順故也故直求之者所以示吾有以收之也蓋備
一不聽而權已奪其三郡備無以爭而中分界之以分裂不全
之荆州而有孫權之窺聽其後爲之鎮撫則安動復則危亮不
察此而特關侯之勇使舉其衆以北侵魏之襄陽故孫權起躡

其後殺關侯而爭其荊州此孔明失於所以用荊也然後備之所有獨蜀益耳雖然地僻人固魏人不敢輕加之兵而鼎足之形遂成使備之不西而唯徘徊於中州則亦不知所以税駕矣備之既死舉國而屬之孔明孔明有立功之志而無成功之量有合衆之仁而無用衆之智故嘗數動其衆而亟於立功功每不就而衆已疲此孔明失於所以用蜀也夫蜀之為國險僻而固非圖天下者之所必爭然亦未嘗不忌其動以其有以窺天下之變出而乘之也雖然蜀之與魏其為大小強弱之勢蓋可見也曹公雖死而魏未有變又有司馬仲達以制其兵孔明於此不能因備之亡深自抑弱以盈怠其心使其無意於我勵兵儲衆伺其一旦之變因河渭之上流累糧卷甲起而乘之則莫不得志乃以區區新造之蜀倡為仁義之師驅天下以思漢

曰引而北以求吞魏而復劉氏故常千里負糧以邀一日之戰不以敗還師以饑退此其亟於有功而亡其量以待之也著為兵者攻其所必應擊其所不備而取勝也皆出於奇孔明連歲之出而魏人每雍容不應以老其師遂至於徙歸而又以吾小弱而向強大未嘗出於可勝之奇蜀師每出魏延常請萬兵趨他道以為奇亮每拒之而延深以憤惋孔明之出者六嘗一用其奇兵聲言由斜谷而遂攻祁山以出魏人之不意一旦而降其三郡關輔大震卒以失律自毀其師奇之不可廢於兵也如此而孔明之不務此也此鋭於動眾而無其智以用之也嗚呼非湯武之師而懸乎出奇卒以喪敗其眾者可屢為哉雖然孔明不可謂其非賢者也要之黠數無方以當司馬仲達則非敵故也范蠡之謂勾踐曰兵甲之事種不如蠡鎮撫國家親附

百姓蠡不如種范蠡自知其所長而亦不强於其所短是以能濟孔明之於蜀大夫種之任也今以種蠡之事一身而二任之此其所以不獲兩濟者也

陸機

據境内之眾而屬人以將持疏遠之身而將人之兵於君臣授受之際皆危機也善任將者不以其兵輕屬於人善爲將者不以其身輕任其寄君必有以深得於臣而使之將臣必有以深得於君而爲其將故武事可立而戰功可收君臣皆獲令名於天下古之人有行之者孫武之於吳王闔閭田穰苴之於齊景公周亞夫之於漢文帝是也始武以兵法干吳王也王試之以婦人武卽因其所以試我者探其心而占之其意已在乎二姬之首也二姬王之所甚愛者武固知乎深宮之婦人且妄王之

寵豈嘗知枹鼓之約束而嚴將軍之令哉然必斬之而不釋者非有怨夫二姬者也且藉其首以探王之誠心所以信我者固與不固也吳王果不恤二姬之死而知孫武之善兵遂卒將之武亦知王之所以任我者固而安爲其將故能西破强楚北威齊晉而吳以强霸齊景公以田穰苴之爲將軍也受鉞之始因請其寵臣莊賈以監其軍穰苴豈真以人微權輕而有賴於賈哉其意固已在乎賈之戮也賈雖差頃刻之約可以情免也然卒不貸其誅者非有忍於賈也姑借其死以探齊君之誠心而占其所以任我者篤與否也景公果賢其人而任之不疑故能大卻燕晉之師而還其所侵漢文嚴三將軍之屯以備邊躬勞其軍至於細柳之亞夫雖天子之詔而屈於將軍之令方是之時細柳之士徒知亞夫之威而不知漢文之尊也豈亞夫於此

悖君臣之分而爲是不可犯哉亦以探孝文之誠心以占其待我者至與未至也漢文果高其才屬於景帝以爲可以重任而亞夫亦以閫外之事自專故七國之反總制其軍遂能固拒救梁之詔而平關東之變世之淺者徒見夫三人得徇衆立威之道曾不知其爲術也微非特主乎循衆立威而已也至於君臣所以相得之始固結其心不可以間離毀敗而以勲名自全者皆出乎此故也甚矣陸生之不講乎爲將之術也機以亡國羈旅之身委質上國於術無所持於氣無所養徒矜才傲物犯怒於衆司馬穎强肆不君舉犯順之師豈足爲託身之主哉機以怨讐之府一朝身先羣士都督其軍而衆至數十萬漢魏以來出師之盛未嘗有也彼既失所任矣而機內無術以探其所以任我者之心外無權以齊其所以屬我者之事乃方撳然自擬

嘗桀驕戎之始孟超以偏校干其令而辱之若遇俊廣而機不以爲義而舍之以是而將用是而戰雖提師百萬孰救其敗哉故鹿苑之潰死者如積衆毀因之遂致其誅爲天下笑才不足勝其所寄智不足酬其所知一投足舉踵則顚踣隨之乃歸禍於三代之將豈不繆歟或曰機雖世將而儒者也軍旅之事非其素所長者遂喪其師此王衍房琯之徒皆以招敗也嗟乎以儒而將至乎喪師者才不足以任將故也必曰儒果不可以將將果不可用儒者非也才之所在無惡其儒也使儒而知將則世將有所不能窺也至若機者適足以殺其軀而已何足道哉

晉上

神器之重有以自歸而後收之有以力取而後得之自歸而後收之者三代之上是也力取而後得之者秦漢而下是也夫歸

我而收之與夫我取而得之固有間矣而其所以取之之道又有甚異者焉然則昌天下者亦觀乎所取之道如何耳魏之取漢異於漢之所以取秦晉之取魏異於魏之所以取漢魏示晉以所取漢之迹晉襲魏以所取魏之權是晉之取魏者魏啟之也晉將蹈迹而取魏也是以汲汲而求執魏之權魏徒見權之去我而在晉猶昔之去漢而在魏也是以安其所取而以天下輸之乃自謂所當然者故晉於得魏之迹無以異於魏得漢而於所以取魏之道最爲無名蓋有類夫王莽之盜漢也雖然晉室之禍亦魏有以遺之嗚呼豈亦天意者邪昔者秦爲無道天下之民唯恐秦之不亡也是以豪傑相與起而誅秦秦亡而漢得之是漢無所負於秦也東漢自董卓之亂天下痛其禍漢之深相與建議歃血起而誅卓者凡以爲漢也卓既誅矣而曹操

二袁乃始連兵相噬以爭天下而求代漢曹操先得挾漢之資以令天下終於漢不自亡而操取之是魏猶有負於漢也漢之亡也非天下亡之是操取之也雖然微曹操則漢之天下不得不亡以其有二袁之竊取之也操收天下於二袁竊取之中是漢嘗亡天下矣而操收之則魏猶爲有名也故曰魏之取漢異乎漢之取秦也至於晉也則不然自司馬仲達已韜藏禍姦於操之世操嘗悟之而不自決也以授之於丕而不昏弱加全倚而倚任之故其於操之亡乃稍驟以立其盜權之功遂收其權而私執之所謂盜權之功者蓋東定遼東而取孟達南摧王淩而內誅曹爽其非有存其既亡續其既絕之大勳若魏之於漢也蓋知夫魏之取漢其道由此也是以汲汲求蹈其迹而竊收其權更四世而固執之至於一旦取魏於偃然無事之閒而天

下之人亦安之於無可奈何是最爲無名而有類夫王莽之盜漢也及夫晉之宗室內叛烽烟外起至於陵夷而不可勝數者亦魏有以遺之魏亡公族之恩雖號加侯王而無尺土一民之奉晉人取而代之矯其無枝葉之庇於是大殖宗室假之制兵專國之權一旦八王內相屠噬至於禍結不可勝解而羣盜乘之關右秦川帝王之宅也魏武大徙西北之眾而錯居之以扞蜀寇至於近發肘腋不可勝救以成永嘉之禍由是觀之則凡晉室之大變皆魏有以遺之嗚呼豈亦天意者耶

晉下

天下之禍不患其有可覩之迹而發於近而患其無可窺之形而發於遲有迹之可覩雖甚愚怯必加所警備而發於近者其毒常淺無形之可窺雖甚智勇亦忽於防閑而發於遲者其毒

常深昔者五代之禍晉室其起非一朝之故也探其基而積之乃在於數百歲之淹緩國更三世而歷君者數十平居常日不見其有可窺之形是以一發而莫之能支夫非無形也蓋爲禍之形常隱於福爲福之形常隱於禍人見其爲今日之禍福而已不就其所隱而逆窺之是以於其未發皆莫覩其昭然之形此其爲禍至於不可勝救之也先王之世侯甸要荒各以其職來貢故周公朝諸侯於明堂四國之君立於四門之外使得與夫備物盛禮之觀而隱寓其羈縻勿縱之義甚深遠也後世之君幸其衰微而樂其向服也因内徙而親之其事肇於漢之孝宣漸於世祖而盛於魏武或空其國而罷徼塞之警或籍其兵而爲寇敵之扞夫既去其侮而又役其力可謂世主之大欲國家之盛福矣不知積之既久而大禍之所伏一旦洶然若決坊

水莫之能過晉爲不幸而適當之以其平居常日不覩其昭然
之形故也昔者孝宣乘武帝擯擊匈奴之威合五單于內爭始
終呼韓邪之朝元帝時請罷邊備賴侯應之策以爲自孝武擯
之漠北奪其陰山匈奴失所蔽隱每過陰山未嘗不哭其喪亡
也今罷備塞則示之大利元帝雖報謝焉自是北人亦浸而南
顧漢亦甚悅其來而不知卻也世祖因匈奴日逐之王遂建南
庭以安納之稍內居之西河美稷而其諸部因遂屯守北地朔
方五原代郡雲中定襄雁門之七郡而河西之地悉爲彼有加
徙叛羌錯置三輔魏武復大徙武都之氐以實關畿用禦蜀寇
而匈奴五部皆居汾晉而近在肘腋矣於晉之興大率中原半
爲敵國元海匈奴也而居晉陽石勒羯也而居上黨姚氏羌也
而居扶風苻氏氐也而居臨渭慕容鮮卑也而居昌黎種族日

著其居處飲食皆趨華美而其逞暴貪悍樂鬬喜亂之志態則亦無時而變也是以元海一倡而并雍之衆乘時四起自長淮之北無復晉土而爲戰國者幾二百年所謂發於遲而爲毒深者也雖然彼之內徙而聽役也亦迫於制服之威而其情未嘗不懷土而思返固甚怨夫中國羈拘而賤侮之也是以劉猛發憤而反於晉事雖不濟而劉氏諸部未嘗一日而忘之也自魏而上其間非無明智之主足以察究微漸爲子孫後世之慮然皆安其內附或樂用其力惟恐其不能鳩合而收役之雖有失爲禍之形皆不爲之深思遠慮就其所伏而消厭之由晉而下自武帝之平一吳會偏撫天下固無籍乎他國之助矣苟於此時有能探其所伏之禍而逆制焉因其懷返之情加之恩意以導其行爲之假建名號而廩資之使各以其種族而還之舊土

彼將樂引輕去而惟恐其後也然後嚴斥障塞使截然有內外之限後雖有釁則無至發於肘腋之間而被不可勝言之禍矣雖然自非明智英果之主為子孫後世之慮則不能決於有為以救其未發之深禍彼晉武自平一吳會方以侈欲形於天下其能有及於此邪雖郭欽抗疏江統著論其言反復切至皆恬不為省方抱虎而熟寐爾嗟乎為天下者無恃其為平日之福而忽所隱之禍也哉

苻堅上

兵以義舉而以智克戰以順合而以奇勝堅之為是役也質於義順則犯考於奇智則詘悖於其所興者二玩於其所用者二此其所以敗亡而不救也所謂悖於其所興者二者不懲魏人再舉之退敗而求濟其欲於天命未改之晉一也違其衆驚之

雄心求襲正統而干授天命二也溺於鮮卑中我以禍而忘其爲社稷之讐三也三者悖矣而又玩於所以用者二焉勢重不分而趨一道首尾相失無他奇變一也驕其盛强足以必勝乘其大軍易敵輕進二也此兵家之深忌也吳王劫七國百萬之師而西不用田祿伯之言乃專力於梁以至於敗者惡其權之分也祿山舉范陽數十萬之衆而南不用何千年之畫乃併兵徐行卒以不濟者惜其勢之分也雖假息反虜敗亡隨之亦昧於兵之至數也趙括之論兵工矣雖其父奢無以難之然獨憂其當敗趙軍者以其言於易也王邑恥不生縛其敵而徒過昆陽卒以大敗者以其用於易也惡其權之分則不以其兵屬人無屬人以兵是自疑之也惜其勢之分則不以其兵假人無假人以兵是自孤之也以易言之者有所不將而將必敗也以易

用之者有所不戰而戰必潰也蓋衆而惡分則與寡同强而易敵則與弱同出於衆强之名而居寡弱之實者其將皆可獲而取也夫東南之所恃以爲固而抗衡中原者以其有長淮大江千里之險也然而吳亡於前而陳滅於後者彼之動者義與順所出者智與奇也晉之取吳也二十萬耳而所出之道六隋之取陳也五十萬耳而所出之道八惟其所出之道多則彼之所受敵者衆是其千里之江淮固與我共之矣今堅之所率者百萬之强而前後千里其爲前鋒者惟二十五萬而專向壽春堅嘗自恃其衆之盛謂投鞭於江足斷其流乃自向項城棄其大軍而以輕騎八千赴之是以晉人乘其未集而急擊之及其既敗而後至之兵皆死於蹂踐惡在其爲百萬之卒也使堅之師離爲十道偕發並至分壓其境輕騎游卒營其要害將自爲敵

士自爲戰雖主客之勢殊攻守之形異晉誠善距而卻我之二三則吾所用以取勝者蓋亦六七雖未足以亡晉而亦以勝遺也嗟夫堅之於諸國也固所謂鐵中之錚錚者矣然至此而大悖者益信乎兵多之難辨也蓋兵有衆寡勢有分合以寡而遇衆其勢宜合以衆而遇衆其勢宜分黥布反攻楚楚爲三軍以禦之而又自戰於其地布大破其一軍而二軍潰散吳漢之討公孫述以兵二萬自將而逼成都授其裨將劉尙萬人使別屯江南相距者二十里述分將攻之漢尙俱敗此兵少而分之患也然而知其妙者雖少猶將分之以兵必出於奇而奇常在於分故也項羽之二十八騎而分之爲四會之爲三是也至於兵大勢重而致潰敗者未嘗不在乎不分之過也法曰善用兵者譬如率然率然者常山之蛇也擊其首則尾至擊其尾則首至

擊其中身則首尾俱至此言其陣之分也以陣而必分則凡兵之大勢者可知也蓋兵大勢重分之則所趨者廣足以出奇而人自爲戰不分則所應者獨難以合變而身卒其敵將以其身卒敵而士不自爲戰求其無敗不可得也嗟乎人常樂乎大衆之卒苟唯不知其所用而用之雖至死而不悟者豈特爲苻堅也哉

苻堅下

荆陽雖居天下之一隅而有長淮大江之阻其俗輕易勁悍喜事爭亂自周之微爲吳越楚之僭彊常以其兵服役天下然其爲形勢非圖天下者之所先事而必爭故後世豪傑多乘中州之擾攘而據之自其爲孫氏之吳已而爲晉宋齊梁陳之代興雖不能偏撫二州之境然皆以帝號自娛抗衡北方而不爲下

自非中州大定而其國失政雖以重師臨之鮮有得志故魏武乘舉荆之勢以數十萬之衆困於烏林魏文繼之大舉獨臨江歎息而返苻堅以秦雍百萬之強而臨淮淝一戰而潰惟其後世孱昏驕虐上下攜叛而中州之主爲伐罪弔民之師則雖江淮之阻亦無足以憑負矣然而陳叔寶猶謂周師之衆嘗退敗於五至而不以爲虞是以晉武之俘孫皓隋文之俘叔寶皆易於拾遺也而苻堅不鑑魏人之不濟乃欲申其威於天命未改之晉此其所以敗也雖然自古邊徼之強未有遂能并集天下之一統者此姚弋仲所以重訓其子孫使必無亡於歸晉而苻融惓惓致戒於堅者凡以此也而堅昧於自度常以正朔不被四海爲愧而鋭於東南之并違忠智之言收姦倖之計一舉而大喪其師寇讐因之遂亡其國不惟失天之所相亦其自取之

速也始堅以豪壯之資奮於儔伍獲王猛之材以輔成其志業遂能自三秦之強平殄燕代吞滅梁蜀九州之壤而制其七可謂盛矣然而東晉雖微衆材任事主無失德而堅乃咈衆圖之其廷臣戚屬相與力爭而不得也獨慕容垂以失國之讎欲以其禍中之求乘其弊而復燕祀乃力贊其起堅甚悅而不疑以爲獨與己合遂空國大舉而僨於一戰返未及境而鮮卑叛羌其起而乘之身爲俘虜遂亡其國嗚呼可不謂其非昏悖歟夫昔之智者多能中人以禍使之悅赴而不以爲疑而昧者常安投其禍雖死而不悟漢世祖方安集河北更始之將謝躬以兵數萬來屯於鄴光武忌之乃好謂之曰吾行擊青犢必破而尤來在山陽者勢嘗潰走若以君之威力擊之則成擒耳躬善其言遂以其兵去鄴而邀尤來世祖卽命吳漢襲奪其城躬敗還

鄴而漢殺之孫策之渡江也廬江太守劉勳新得袁術之衆而貳於策策深惡之時豫章上繚宗民萬家保於江東策誘勳曰上繚吾之疾也然欲取之而路非便以公之威臨之無不克也勳信之而行策遂以其輕銳襲拔廬江而盡降劉勳之衆故慕容垂所以用之獎秦而復燕祀於既亡也夫與人爲敵乃受其甘言而從其所役未有不墮其畫中者也法曰智者之慮必雜於利害傳曰成敗之機在於善察人之言堅於垂之言也慮其所以爲利而不慮其所以爲害一失其機於無以察人之言而遂至於喪敗人之於慮察也可得而忽哉嗟夫以堅之晚而昏悖自用雖景略尚在固將不用其言而亦無以救秦之亡矣

宋武帝

天下之事日至而無窮而苟有以應之莫不中理者在乎善用

其機況乎爭天下之利處兩軍之交不得其機以決之則事亦隨去矣蓋機之爲物不可以期待不能以巧致者也卒然而會迅忽眇微及其去之疾不容瞬先機而起於機爲妄赴後機而發於機爲失應是以御天下之事於一己而權不移制天下之變於無窮而智不詘夫機有待之百年而不至者有居之一日而數至者待之百年而無可乘之機則吾未嘗遲之而求於先發居之一日而機數至則吾未嘗厭之而忘於必應嗚呼人能知此然後可與濟天下之大業矣昔者越王勾踐辱於會稽之棲迨其返國苦身焦思拊循其民求有以報於吳也蓋七年而民求奮於吳其臣逢同大夫種范蠡之徒止之以爲未覩其可乘之機以發之也於是乎斂形匿跡以伺其隙者凡十八年一旦吳王空國北從黃池之會遂一舉而敗吳再舉而亡之西嘗

自永嘉之亂羣雄四起而分中原元帝奮身南渡收區區之江左以續宗祀而羣雄自相搏噬驟興驟滅百年之久至於苻堅幷兼略盡乃空國大舉而圖江南遂及淝水百萬之敗反未及國而慕容亡燕之裔並起而乘之垂收陝東而沖亂關右苻丕坐困鄴城求我糧援既而垂以幽冀之民鏖死殆盡其黨潰叛退保中山堅沖相持其勢俱憊於斯時也可謂千載一至之機也晉人有能乘燕秦相斃之餘因淝水克敵之勢選師擇將而命二軍一軍北收鄴城以舉燕代一軍西趨咸陽而定關隴據舊都之固復七廟之墜鎮撫士民以殄餘黨則武帝之業一朝可復而大恥刷矣晉人撫機而不知發乃方出師漕粟以慰其既來而尺土不獲而師以喪敗此謝安以氣怯而失機也宋武帝以英特之姿攘袂而起平盧循於舊楚定劉毅於荆豫滅南

燕於二齊克譙縱於庸蜀殄盧循於交廣西執姚泓而滅後秦蓋舉無遺類而天下憚服矣北方之寇獨關東之拓跋隴北之赫連耳方其入關魏人雖強不敢南指西顧以議其後而秦民大悅以謂百年憤辱去於一朝相與涕泣而留之以其為漢室之裔乃以長安十陵咸陽宮室以動其情使武帝因三秦悅附之民治兵蒐騎而留拊之通江淮之漕下巴蜀之粟舉荊豫之師發青齊之甲以拔趙魏從事於中原則天下之勢不勞而遂一矣然其席不暇煖舉千里之秦屬之乳褓之兒引兵遽還無復顧慮大違秦民之望蓋一舉足而赫連躡踵以收關中如探物於懷間此宋武以志卑而失機也繄夫宋武之心非以秦雍為當捐而趙魏為足懼也然其亟去而不顧者蓋以其艱難百戰凡所以造宋之基業者皆在乎江左故也往日南燕之役盧

循乘虛而下幾失建業今之速返者畏人之議其後而爲盧循之舉也此所以輕捐關中而不顧也又其起於漁樵匹夫之微崎嶇轉戰以經營江左者凡三十年今之西師者徒欲成敗晉之資而其志慮之所在亦曰代晉而已未暇爲王業萬世慮也使司馬氏卒不復見中州之定而拿敵遂爲不討之讐者由再失天下之大機也嗟夫集大事者惡夫志卑而失機宋武兼之矣

楊素

戰必勝攻必取者將之良能也良將之所挾亦曰智勇而已徒智而無勇則遇勇而挫徒勇而無智則遇智而蹶智足以役勇勇足以濟智然後以戰必勝以攻必取天下其孰能當之昔者楊素之於隋可謂一代之名將矣而賀若弼評之謂其特猛將

耳非所謂謀將也甚哉弼之過於自負而輕於議人也隋自平陳之後素已爲統帥矣其克敵斬將功績爲多既俘陳主而江湖海岱羣盜蜂起大者數萬小者數千而素專閫外之權轉戰萬里窮越嶺海無向不滅已而突厥犯塞宗室稱兵而社稷危矣素之授鉞專征其所摧陷者不可勝計遂靖邊氛而清內難然素之兵未嘗小衄隋功臣無與肩者其爲烈亦至矣而弼猶不以謀將處之特曰猛而已夫目之以猛而不許之以謀蓋所謂徒勇而無智者矣考素之功烈如此苟其智之不逮則凡所以決機取勝者其誰之謀也自隋文平一天下所謂名將者獨韓擒虎賀若弼史萬歲與素耳擒弼自平陳之後不獲立尺寸之効獨史萬歲從素征討以驍勇稱而弼乃以大將自處而自是三人者皆不能盡其材亦見其不知量而務以其私言動世

主也素之馭戎嚴整而寡誅每戰必求士之過失者斬之以令常至百輩而先以數百人赴敵陷陣不能而還卻者悉斬之復進以數百人期必陷陣而止是以士皆必死前無堅敵此彌之所以得目之爲猛也嗟乎素非有忍於士也以爲士之必死者乃所以決生必生者乃所以決死故也唐之善於兵者無若李靖其爲書曰畏我者不畏敵畏敵者不畏我是以古之名將士卒而殺其三者威振於敵國殺其一者令行於三軍靖豈以卒爲不足愛哉以爲殺一而百奮則奮者可期於勝也縱一而百惰則惰者可期於敗也奮而克敵與夫惰而爲敵所克則是殺者乃所以生之愛者乃所以害之也善爲將者能審乎此則無惡乎其苟忍也雖然在素之術有足以致勝未足以爲勝之工也法曰兵無選鋒曰北詩曰元戎十乘以先啓行其啓行者選

鋒之謂也越王勾踐之伐吳其爲士者數萬而又有君子六千人所謂君子者其選鋒也素之所使以陷陣者其選鋒之謂歟然至有不克而還不免於誅者疑其非選之特精而養之素厚之士也又嘗觀唐太宗之將未嘗先以其身親搏戰也必以驍騎勁旅而經營於其旁或瞰臨於其高常若無意於戰其兵既交其鬬皆力而未決也卒然率之而奮士皆殊死突貫其敵之陣而出其背凡所嬰者無不摧敗猶之二人之相搏也材鈞而力偶方相持而未決也卒然一夫起其旁而助之則夫受助者蔑不勝矣此法所謂以正合以奇勝者也使素之所用以爲鋒者皆精其選而又量敵之堅脆以遣之其必足以陷敵無至乎不克而還又加之誅而常出於唐太宗之奇則如弼者亦何得而妄議矣

唐

據天下之勢必有所以制天下之權蓋權待勢而立勢待權而固有是之勢而其權不足以固之則其勢日就傾弱而天下莫能安强是以人主之於權也不可一日使之去已而分於人凡物之去已者猶可收分者猶可全也至於權也一去而不可復收一分而不可復全而所據之勢隨之可不慎哉昔者唐之太宗以神武之畧起定禍亂以王天下威加四海矣然所謂固天下之勢以遺諸子孫者蓋未立也於是乎籍兵於府置將於衞據關而臨制之處兵於府則將無內專之權處將於衞則兵無外擅之患然猶以爲未也乃大誅四方之侵侮者破突厥夷吐渾平高昌滅然耆皆俘其王親駕遼左而殘其國凡此者非以黷武也皆所以立權而固天下之勢者也武后以女主專制挾

唐以令天下圖移神器天下之人莫不屏息重足從其制命彼得天下之權而逆持之然猶若此況以順守者哉明皇以英果之氣起平內難遂襲大統可謂誼主矣然狃於承平宴安之久府衛之制一切廢壞盡推其權以假邊將祿山虎視幽薊橫制千里而軍中之吏凡三千人故范陽之變一起天下大震徒驅市人以嬰其鋒使微肅宗召號忠義駕馭豪武奮不顧身與之從事則兩都不復矣雖能再造王室然其所賴以收天下者皆爲方鎮矣天下之權已分於下而不全矣至於代宗僅夷殘盜乃瓜裂河朔以輸寇黨遂相爲背服世襲不禁陵夷至於大歷貞元之間兩河方鎮日以強肆而當時之君畏縮摧抑常若抱虎包羞含垢媚嫵不暇以苟旦暮之無事而陵犯益甚雖內設禁軍統以閹尹然亦不足以待天下之變故涇師之亂而神策

六軍召之無一至者從奉天之幸者四百士耳及章武之興天下之爲方鎭者五十縣官賦入止於東南八道而已而章武乃能振激武烈期於不赦排斥衆議而大治之於是擒劉闢於劍南執李錡於浙西縛盧從史於昭義服王承宗於鎭冀誅李師道淄青五世之襲平吳元濟淮西三世之叛可謂盛烈矣然其至於後世益以不振在內之權而閹尹執之在外之權而方鎭執之浸微浸削而遂至於亡焉蓋唐以權奪勢傾而亡天下然其亡不在乎僖昭之世而在乎天寶之載焉以其喪所以制天下之權者實兆乎此故也故其後世之君若章武者僅能自立不爲之深屈而已況其非章武者乎嗟夫後之爲天下者苟無意於所執之權而爲人執之則視唐可知也矣

郭崇韜

人謂漢高祖以布衣之微召號豪傑起定禍亂乃瓜裂天下以王勳將韓彭英布皆連城數十南面稱孤舉天下之籍而據其半及夫釋甲就封釁血未乾皆相視誅滅蓋由高祖封賞過制陷之驕逆其於功臣不能無負光武率義從之士平夷盜逆收還神器天下既定遂鑒高祖之失第功行封爵爲通侯大者不過數縣而不任以吏事是以元勳故將皆能自全李靖談兵之雄者也亦以謂光武得將將之道賢於高祖遠甚嗟夫是皆不深求高祖光武之事者也天下之事有所必然者雖聖智不能遷而避之高皇以寬仁大度役天下之智力而集大業豈所謂陰忮暴忍而意忌人之功者耶秦爲無道天下高材疾足爭起而競搏之皆有代秦之心也彭越黥布皆以人傑操兵特起未以其身輕屬於人者也韓信挾百戰百勝之勢擇主而附亦有

大志故身定全齊而自王之方漢王大敗於彭城隨何不能緩
頰於淮南則黥布不至及困於固陵諸侯棄約不會微張良之
畫則彭越韓信不從方是時漢王不捐數千里之地數以充三
人者之欲而致其兵則楚不亡漢之待此三人者譬若養虎飽
則不動饑則噬人由是觀之封賞過制豈得已哉欲就大業於
須臾之頃故也雖然大業就矣而三人者之逼天下之所共寒
心也以天下之皆寒心則彼持是而安歸且高祖亦得安枕而
臥乎故疑似之釁一發而大禍集矣此其勢必至於夷滅而後
定也光武猶宗社之禍收卒懷漢之民投袂而起凡所攀附者
多南陽故人其尤偉傑者寇鄧數人而已然較其材畧徒足以
供光武指顧之役非有驕桀難制若韓彭之與高祖也天下既
定封以數千之戶莫不志欲盈足惟恐持保之不獲爲光武者

獨何隙以誅除之哉而曰光武獨得保全勳舊之術高祖於功臣有不容之忽此不求二主所遇之不同與夫勢理有所必至者也後唐莊宗承武皇之遺業假大義挾世讎以與梁人百戰而夷之乃有天下可謂難且勞矣然有二臣焉其爲韓彭者李嗣源爲寇鄧者郭崇韜也嗣源居不賞之功挾震主之威得國兵之權執之而不釋也莊宗無以奪之而稍忌其逼崇韜嘗有大功於國忠而可倚而嗣源之所畏者也莊宗苟能挾所可倚而制所可忌則嗣源雖懷不自安而有顧憚非敢輒發也莊宗知其所忌而不知其所倚故崇韜以忠見疎讒疾日急使其營自救之計乃求將其爭蜀之兵莊宗歸國中之師屬之而西崇韜雖已舉蜀捷奏才上而以讒死矣莊宗知得蜀足以資其盛强而不知崇韜之死已去嗣源之畏故鄴下之變嗣源以一旅

之衆西趨洛陽如蹈無人之境其遷大器易若反掌自內有權臣窺伺間隙乃空國之師勤於遠役固已大失計矣而又去我之所與與彼之所畏者則大禍之集可勝救哉雖得百蜀無救其失國也使崇韜之不死舉全蜀之衆因東歸之士擁繼岌檄方鎮以討君父之讎雖嗣源之強亦何以禦之蓋嗣源有韓彭之逼而不踐其禍者莊宗無高祖之畧故也崇韜有寇鄧之烈而不全其宗者莊宗無光武之明故也嗟夫人臣之禍起於操權而速禍之權莫重於制兵崇韜謀遁禍自全而方求執其兵此於抱薪救火者何異也

五代

唐以陵夷壓弱遂亡天下而眞主未興五代之君遂相攘取朝獲暮失合其世祀不數十年自古有國成敗得喪未有如此之

亟者然竊觀之莫不皆有所以必至之理也梁祖起於宛朐羣盜之黨已而挾聽命之唐鞭笞天下以收神器亦可謂一時之姦雄然及其衰耄而河汾李氏基業已大固當氣吞而志滅之矣借使不遂及於子禍則其後嗣有足以為莊宗之抗哉此梁之亡不待旋踵也後唐武皇假平讐之忠義發迹陰山轉戰千里奄踐汾晉及其子莊宗以兵威霸業遂夷梁室而王天下可謂壯矣然天下粗定強臣驕卒遂至不制一倡而叛之不及反顧而天下遂歸於明宗至於末帝所以失天下者猶莊宗也夫以新造未安之業而有強臣驕兵以乘其失政其能自立於天下乎晉人挾震主之威乘釁而起君父契丹假其兵力以收天下易若反掌一朝嗣主孱昏肆虐而北人驕功恃強殫耗天下不足以充其要取之欲乃負反之及其所以蒙禍辱者不可勝

言觀其所以自託而起者如此則賞安得而後亡哉漢祖承兵
戈擾踐之餘生靈無所制命起視天下復無英雄慨然投袂而
作者乃建號而應之而天下之人無所歸往亦皆俛首聽役於
漢然一旦委裘而強臣巨室已不爲幼子下矣故不勝其忿起
而圖之僥倖於一決而周人抗命卒無以禦之而至於亡周之
太祖世宗皆所謂一時之雄而世宗英特之姿有足以居天下
而自立者然降年不永孺子不足當天之眷命而眞人德業日
隆已爲天下之所歸戴則其重負安得而不釋哉由是觀之自
梁以迄於周其興亡得喪世祀如此安足怪哉皆有所以必至
之理也又嘗究之君唐之莊宗與夫末帝皆以雄武壯決轉鬭
無前摧夷強敵卒收天下而王之非夫孱昏不肖者也然明宗
之旅變於鄴下晉祖之甲昌於并門彼二王者乃低摧悸迫見

女悲涕垂頤拱手以需死期無復平日萬分之一者何也有強臣驕兵以制其命唯至乎此始悟其身之孤弱無以自救之也夫以功就天下者常有強臣以力致天下者常有驕兵臣非故強也恃勳賞之積而卒至於強兵非故驕也恃戰役之勤而卒至於驕故古者撥亂定傾之主不憂天下大計之不集而深慮大臣之或強戰士之或驕故常先事而董治之使其操制常在於我是以天下既集而國家安強舉而遺之沖人弱息而變故不作彼以亂繼亂者則不然方其圖天下之卽集也日責功於將而責戰於士責功之亟則凡所以酬將者未嘗恤其或至於強責戰之功則凡所以撫士者未嘗病其或至於驕是以天下畧定強臣倚驕兵而睥睨驕兵挾強臣而覬望一旦相與起而迫之反視其身彷徨孤立而大事且去則雖有平日壯決之氣

持是而安歸哉此唐之莊宗末帝所以失天下者由此故也嗟乎圖天下於亟集而不計其既集之利害者終亦墜亡而已矣

何博士備論卷下終

國家圖書館出版品預行編目資料

陰符經注／（漢）張良注釋；李浴日選輯. -- 初版.
-- 新北市：華夏出版有限公司, 2022.03
面； 公分. -- (中國兵學大系；04)
ISBN 978-986-0799-38-5(平裝)
1.兵法 2.中國

592.09 110014349

中國兵學大系 004
陰符經注

注　釋　（漢）張良
選　輯　李浴日
印　刷　百通科技股份有限公司
電話：02-86926066 傳真：02-86926016
出　版　華夏出版有限公司
220 新北市板橋區縣民大道 3 段 93 巷 30 弄 25 號 1 樓
電話：02-32343788 傳真：02-22234544
E-mail：pftwsdom@ms7.hinet.net
總 經 銷　貿騰發賣股份有限公司
新北市 235 中和區立德街 136 號 6 樓
電話：02-82275988 傳真：02-82275989
網址：www.namode.com
版　次　2022 年 3 月初版一刷
特　價　新臺幣 270 元 (缺頁或破損的書，請寄回更換)

ISBN-13：978-986-0799-38-5

《中國兵學大系：陰符經注》由李浴日紀念基金會 Lee Yu-Ri Memorial Foundation 同意華夏出版有限公司出版繁體字版